Spying minority
in biological phenomena

少数性生物学

永井健治 ／ 冨樫祐一 ［編］
Nagai Takeharu　　Togashi Yuichi

日本評論社

はじめに

かつて『細胞工学』という今は休刊となってしまった雑誌の連載で「おもろいバイオロジー」なるものがありました。そこで「蛍光プローブ開発秘話その2─夏秋冬春」と題して、私の20年そこそこの研究者人生を振り返りつつ、サイエンスの面白さについて存分に語らせていただき、その結語で以下のように締めくくりました[1]。

　科学的に"おもろい"こととは何か？　私にとってそれは「モノの見方を変える発案・発明・発見」である。本来、科学の醍醐味はそこにこそあるべきだと私は思う。私がそんなことを言ってもちっとも説得力がないので、最近心酔しているハーバード大学 George M. Whitesides 博士の有名な言葉を引用しておこう。
　"If the research that we do does not change the way people think, the project is a failure."
　ちなみに、彼の研究室の至上目的は "to fundamentally change the paradigms of science" だそうだ。人々の生活に（すぐに）役立つ研究が求められている昨今の日本であるが、私は敢えてすぐには役に立たないけれども、私にとって"おもろい"と思える研究を続けたい。そのような考えに基づき……（中略）……"おもろさ"と世界一・世界初にこだわった"作品"を私たちの研究室は生み出してきたが、実をいうと"おもろい度"はまだまだである。今回は紙面の都合で紹介はできなかったが、「少数性生物学」にこそ未曽有の"おもろい"ことが潜んでいると確信している。それについてはまたいずれ。

上記のコラムを執筆したのは、私が代表を務めていた新学術領域「少数性生物学」が始動した2011年のことです。その新学術領域「少数性生物学」では、生命現象において少数派の振る舞いに着目し、それが生命システム全体にどのように働きかけていくのかという観点で生命現象をとらえなおすことを掲げました。研究テーマの副題が「個と多数の狭間が織りなす生命現象の探求」でした。1個でもなく多数でもない、その中間の数え切れる個数の要素が協力し合い、その上位、下位のシステムに影響を及ぼす機構・原理にアプローチすることを目指しました。そのような研究テーマを具体的にイメージできるように漫画化したものが本書の表紙にある絵です。

　絵の左半分はいくつかの種類の生体分子がてんでバラバラに個性豊かに振る舞っている様子を表し、右半分はそれらが協同して細胞の形を構築したり機能を発揮したりしている様子を示しています。1個1個の生体分子を細胞から取り出して顕微鏡などで観察すると「でたらめ」に反応し動く様子が見えてきます。一方、細胞をたくさん集めてすり潰し、莫大な数の生体分子をかき集めて観察すると、かなり「正確」に反応が起こる様子が見えてきます。この「でたらめ」からいかにして「正確」さが生まれてくるのかを知ることは、少数派の振る舞いと生命システム全体との関係性を理解することにつながるはずだと考えました。「少数性生物学」はこのような「新しい視点、切り口」から従来の生命現象を見つめ直すことで、新しいパラダイムの創出に結びつく研究を展開しようと目論んだのです。

　あれから早6年が過ぎましたが、その間多くの仲間によってすごい解析方法が開発され、それにより面白い現象が見つかり、面白い考えが生み出されてきました。本書はこのような私たちの研究成果を多くの初学者に分かち合うべく執筆されたものです。きっと、「へぇー、そうなんだ」と驚き、またサイエンスの「おもろさ」に思わず胸がドキドキすることでしょう。一人でも多くの方に少数性生物学ひいてはサイエンスの醍醐味を感じていただければ幸いです。

　　　　　　　　　　　　　　　　　　　　　　　　　　永井　健治

文献

1. 永井健治（2012）。おもろいバイオロジー（3）蛍光プローブ開発秘話その2—夏秋冬春。細胞工学 31(12)：1390-1397。

目　次

はじめに　iii

第1章　少数が創発する機能を見る
永井健治　[1]

第2章　少数分子が担う神経シナプス機能
村越秀治　[9]

第3章　少数の侵入
インフルエンザはウイルス何個で感染するか
大場雄介　[17]

第4章　少数の反乱
紙とコンピュータの上の分子たちが予言したこと
冨樫祐一　[25]

第5章　少数の個性
分子にも個性？
小松﨑民樹　[35]

第6章　少数細胞を見分ける・探し出す
少数だけど影響力がある細胞に注目してみよう
城口克之　[43]

第7章　デジタルバイオ計測
野地博行　[51]

第8章	少数のゲノム DNA が細胞の中に収納される仕組み	前島一博 [61]
第9章	少数が形づくる 核内染色体の構造・動態・機能相関	粟津暁紀 [69]
第10章	少数を分ける 細胞膜中の分子の離散性と分配	鈴木宏明 [81]
第11章	少数の機能を知る	茅 元司 [93]
第12章	少数での動き 少数のバイオナノマシンがチームで創発する振る舞い	矢島潤一郎 [103]
第13章	少数により成り立つ細胞社会 細胞の中の分子はいつどこに何個あるのか	谷口雄一 [111]
第14章	少数を決める べん毛の本数を決める仕組み	小嶋誠司 [119]
第15章	少数で製造をコントロール タンパク質でできた細菌中ではたらく精密装置	今田勝巳 [129]
第16章	少数の分子で機能する生物	石島秋彦・福岡 創・蔡 栄淑 [139]
第17章	少数でつくれるか？ 体をつくる細胞数 大きな数と小さい数	堀川一樹 [153]

第*18*章 | **細胞の中に流れる時間**
分子が数える1日の時刻と概日時計　　大出晃士・上田泰己　[**163**]

おわりに　173

索　引　175

[第1章] 少数が創発する機能を見る

永井健治
大阪大学産業科学研究所

　本書では私たちの体を構成している細胞や、その細胞の中にあるさまざまな生体分子の中でも、ほんの少ししか存在していないにもかかわらず、私たちの体全体に大きな影響を及ぼすものに着目しています。そのようなマイノリティな要素が全体に対してどのようにして大きな影響を及ぼすに至るのかを探りたいからです。最近のアメリカ大統領選挙を例に挙げればわかりやすいかもしれません。当初は泡沫候補といわれていた型破りで超過激なドナルド・トランプ氏が予想を大きく裏切り、大統領に選ばれました。マイノリティな要素が周りにどのように働きかけて変革を成し遂げるのかの原理を理解していれば、「予想を裏切られる」ことはなかったかもしれません。私たちの体の中で起きる現象についても同様のことがいえます。ここでは、細胞の中で起きている生体分子の反応やそれによって引き起こされる生理現象をどのようにすれば見ることができるのかについて、その道の研究者の祐が母親に話をします。

〜祐が学会発表のため岡山市に出張したついでに実家（和気町）に立ち寄る〜
祐「おっかー、ただいまー」
母「なんや祐、連絡もせんといきなり帰ってきてからに」
祐「近くで研究集会があって、そこで発表してきたんやけど、その集まりがお昼で終わったから、ちょっと顔見せようかと思うてん」
母「そうなんか。泊まってくんか？」
祐「いや、一休みしたら帰るわ」

母「そうか。そら残念やわ。せっかくやから、ゆっくりしてったらええのに」
祐「いや、そうもいかへんねん。片づけなあかん仕事が溜まっとるから直ぐに帰るわ。おっかーの元気な顔を見れたし」
母「さよか。しゃあないね。今お茶入れるから、居間のソファーにでも腰掛けーや」
母「（お茶を出しつつ）で、その集まりで何話してきたん？」
祐「細胞の中で起きている分子の反応や細胞の集団的挙動を見る方法について話してきたわ」
母「私にでもわかるように説明してくれへんか？　祐の話を久しぶりに聞きたいわ」
祐「よっしゃ。まかしとき。おっかーにわかるように話しするんは、いつもええプレゼン練習になるから、やりがいあるわ」
母「私も祐の話を聞くのん、いつも楽しみにしてるねんで」
祐「嬉しいことゆうてくれるなあ。ちょっと立ち寄った甲斐があるわ。ほんだら、まずは質問や。一般的な化学反応の平衡理論って知っとる？」
母「祐から耳にタコができるくらいその話を聞いてるから頭にこびりついとるわ。水溶液の中でアボガドロ数（10^{23}個）もある分子が反応して平衡に達したときの状態を論じる奴やろ」
祐「おっかー、やるやん。ボケ防止になるやろ。その話がわかっとったら今から話すことは十分理解できるで。今日の研究集会での話はその理論を細胞の中で起きている化学反応に当てはめてもええんやろか？　ちゅうところが出発点やったんや。なんでかっちゅうたら、細胞の中には 10^{23} 個に遠く及ばへん数しかない分子が結構あるからや。例えば、遺伝子が1つの細胞中に何個あるか知ってる？」
母「あたりまえやん。母親由来と父親由来の遺伝子がそれぞれ1個で、合わせて2個やろ？（前島の章〔第8章〕参照）」
祐「せや。数え切れるほどしかあらへんねん。せやのに、実験では試験管の中で莫大な数の遺伝子と莫大な数のタンパク質を反応させて何が起きるか調べてんねん。アボガドロ数もある分子が反応して平衡に達したときの状態を論じるためや。現実の状況からかけ離れた条件で反応させて、そこで得られたデータ

から細胞の中で何が起こっているかを類推するちゅーんが、従来の生命科学の多くのケースでやってきてることなんや」

母「遺伝子だけが例外で、あとの分子はたくさんあるんとちゃうか？」

祐「いや、他にもいろいろ例はあるで。例えば、大腸菌に発現するタンパク質の種類ごとに何個あるか数えたら、多くの種類のタンパク質は細胞当たり数え切れる程度しか発現してへんことがわかったんや（谷口の章〔第13章〕参照）。神経のスパインっていう小さな構造に存在する分子で、記憶の形成と密接に関連するっていわれとるAMPA受容体タンパク質は、1スパインあたりこれまた数え切れる個数しかないそうや（村越の章〔第2章〕参照）。24時間のリズムを刻む時計タンパク質も相当少ないねんで（大出・上田の章〔第18章〕参照)」

母「ほう、結構例があるねんな」

祐「まだまだあるで。毎冬話題になるインフルエンザウイルスって、何個で細胞に感染成立するか知ってる？」

母「全然、想像すらできんわ」

祐「これまた数え切れる程度らしいで（大場の章〔第3章〕参照)」

母「へえー。そうなんか？　そらびっくりぽんやわ！」

祐「そんな数え切れる程度のウイルス感染がきっかけで、個体レベルに酷い感冒を引き起こすって、すごいと思わへん？　少数個しかあらへんかったら、確率・統計論はそのまま使われへんし、反応が平衡に達するちゅう仮定も、成立せーへんで。従来の考え方が適用できへんかもしれんから、新しい考え方を編み出さなあかん（冨樫の章〔第4章〕、小松崎の章〔第5章〕参照)」

母「そらそうやわな。ほんで、どないするん？」

祐「いろいろな生命現象を分子レベルで見て1つひとつ定量的に確かめていくんが必要や（野地の章〔第7章〕参照）。そのために、細胞の中で起きる反応を見る技術を開発せんならんわ」

母「ほんで、どうやってそういう技術を作んの？？」

祐「いろいろやり方があるけど、今利用してんのは緑色蛍光タンパク質（GFP）を応用する技術やねん」

母「ああ、あの下村侑先生が光るオワンクラゲから発見してノーベル賞をとったタンパク質のことやね？」

［第1章］少数が創発する機能を見る

祐「そうそう。それ。最初は緑色だけやったけど、今では群青色から近赤外まで色んな蛍光色を発するタンパク質が開発されてるねん。それらを上手く組み合わせて用いると、細胞内の反応、例えば細胞活性に応じて濃度が変化するカルシウムイオン（Ca^{2+}）とかを見ることが可能になるねん」

母「どういう仕組み？」

祐「ちょっと難しいかもしれんけど、『フェルスター共鳴エネルギー移動(FRET)』という物理現象を使うねん。FRET ちゅうんは２つの異なる色、例えば青色蛍光タンパク質（BFP）と GFP が 10nm（ナノメートル；ナノ〔n〕は 10^{-9} を意味する）以内に近接したときに、BFP の励起エネルギーが、共鳴によって直接 GFP に移動する現象のことや。何はともあれ、両者が近接してへんときは青色の蛍光が、近接してるときは緑色の蛍光が放射されるねん」

母「で、その FRET を用いてどうやって Ca^{2+} を見れるようにするんや？」

祐「例えば Ca^{2+} の場合、それが結合することで、長く伸びた形から絡まってコンパクトな形に変化する Ca^{2+} 結合タンパク質が知られとるんで、その性質と FRET を上手く組み合わせて蛍光色が Ca^{2+} の結合で変化する Ca^{2+} センサーをデザインするねん」

母「ほほう。タンパク質ででけたセンサーをデザインするってなんか神がかってるやん」

祐「Ca^{2+} 結合タンパク質の両端に青色と緑色の蛍光タンパク質を連結した人工タンパク質を構築すると、Ca^{2+} がないときは Ca^{2+} 結合タンパク質部分が長く伸びた形をとるんで BFP からの青色蛍光が放射され、Ca^{2+} が存在すると Ca^{2+} 結合タンパク質がコンパクトな形に変化するから、BFP と GFP が近接して FRET が生じて GFP からの緑色蛍光が放射されるというわけや（図1）。酸性で赤に、アルカリ性で青に変色するリトマス試験紙の Ca^{2+} 版やな」

母「へえー。でもそれタンパク質やろ？　どうやって細胞の中に入れんの？」

祐「タンパク質はいろんな種類のアミノ酸が連なった数珠みたいなもんで、その並びの順番は遺伝子に書き込むことができるねん。その遺伝子の溶液を細胞と混ぜて電気ショックを与えたら、細胞に小さな穴が開いて、そこから遺伝子が細胞内に入るんや。あとは細胞内の装置が遺伝子の情報に従ってタンパク質を勝手につくるちゅうわけや」

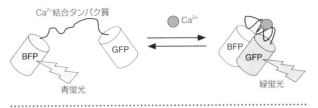

図1／蛍光カルシウムセンサーの構造模式図。

母「へぇー、何やえらい簡単そうやな。ほんで、その蛍光色が変わる Ca^{2+} センサーで細胞内のどういう現象を見たんや」

祐「細胞性粘菌ちゅうアメーバが cAMP（環状アデノシン一リン酸）に応答して細胞内の Ca^{2+} 濃度が変化する現象を見たんや。なんでこれを見ようと思ったかっちゅうと、このアメーバが cAMP 分子のたった数個の違いを見分けて、数の多い場所に動いていくことが知られているからやねん。人間がどんなに精巧なセンサーをつくっても、分子数個の違いを見分けるセンサーなんて今の技術ではつくれへんけど、アメーバ細胞にそれができるって『神ってる』やろ？その仕組みを解きたかったんや」

母「で、その現象に Ca^{2+} がどう関わるん？」

祐「cAMP を受け取ったアメーバは興奮して細胞内の Ca^{2+} 濃度が上昇するって昔から予想されててん。でも、Ca^{2+} の濃度が薄すぎて従来の Ca^{2+} センサーでは検出できへんかってん。ほんで、10nM（ナノモーラー〔＝nmol/L〕＝ 10^{-9}M）ちゅう極薄の Ca^{2+} 濃度でも捉えることができる世界最高感度の蛍光性 Ca^{2+} センサーをつくって、その遺伝子を細胞に放り込んだんや。ほんで、顕微鏡で観察したら超微量の cAMP（1nM 以下）に対する応答として Ca^{2+} の濃度が上昇するんを鮮明にとらえることができたんや。でも残念やけど、なんで cAMP 分子数個の違いを見分けることができるんかは、いまだわからんままや。もっともっと実験せなあかん」

母「そら残念。もっときばらなあかんな。ほんで、他には何か発見はできんかったんか？」

祐「今のは1つの細胞を拡大して見たときやけど、もっと倍率を下げたらおもろいもんが見えてきてん。普段は単細胞で生きているアメーバが、飢餓状態に

なったら10万個程度が集合流を形成するんやけど、こんとき、集合流の中心にいると思われる『リーダー細胞』がcAMPを放出し、そのcAMPを受け取った細胞が興奮してさらにcAMPを放出するっちゅうのを繰り返すねん。つまり何万もの細胞がcAMPのバケツリレーをするねん。ほんでその結果として、『リーダー細胞』の周りに他の細胞が集まってくるんや。実はその過程でCa^{2+}がどうなっとんか誰も見たことなかってん」

母「ほんで、何が見えたん？」

祐「その集合流の中に3つのパターンがあることが見えたんや。1つは集合流の中心から外側に向けて同心円状にシグナルが伝播するパターン。2つ目は螺旋状に伝播するパターン、3つめは伝播せず打ち上げ花火のように一瞬光って終わってしまうパターン（図2）。しかも、この3つ目の花火のパターンが『リーダー細胞』ができてくるんと関係してそうなんがわかってきてん」

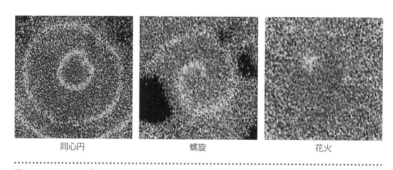

同心円　　　　　螺旋　　　　　花火

図2／アメーバの集合流中における3つのカルシウム動態パターン。

母「へえー。そらどういうこっちゃ？」

祐「この打ち上げ花火の部分をつぶさに観察したら、どうもすべての細胞が打ち上げ花火を上げることができる能力をもっているわけではなく、10万細胞の中のごく一部のマイナーな細胞のみにその能力が備わっていそうなことがわかってきてん」

母「ほう、細胞に個性があるちゅうことやな」

祐「せや。人に個性があんのとおんなじや。しかもその細胞（リーダー候補細胞）の周りに、打ち上げの号令に呼応してcAMPを放出できる細胞（フォロワー細胞）が

何個かいるかで、さらにその周囲の細胞（一般大衆細胞）にシグナルが伝わるかどうかが決まるみたいなんや。しかもいったん、一般大衆細胞にシグナルが伝わったら、あとは黙ってても、勝手に集まってきよるねん」

母「で、そのフォロワー細胞って何個くらい必要なん？」

祐「それは今調べているところやけど、どうも数え切れる程度でええみたいや」

母「へえー。つまりは、マイナーなリーダー候補細胞の周りに支援者が何匹かいるかどうかで、リーダー細胞に確定するかどうかが決まるっちゅうことやねんな？」

祐「そうなんや。なんか人間社会に通じるもんがあると思わん？　あ、そうそう、おもろいTEDトークがあるねん（http://www.ted.com/talks/derek_sivers_how_to_start_a_movement?language=ja）。デレク・シヴァーズちゅう人が『社会運動はどうやって起こすか？』をたった3分で話してるんやけど、その趣旨が『集団行動に不連続な変化を起こすためには、アホと思われるんも顧みずに最初に裸になって踊りだす人だけやなしに、それに続くフォロワーの役割が大事』ちゅうことやねん。それさえしっかりしてれば、大多数の一般大衆は民意（知性）に従って動くんやなくて、周りに流されて動くだけなんが、よーわかるで」

母「（そのTEDトークをiPadで見ながら）うわ、ホンマや、アメーバの集合流とおんなじやん」

祐「せやろ。人間社会に変革を起こそう思ったら、人の知性に働きかけなあかんと思うやん？　でも実は、そんな知性とは無縁の仕組みで集団を動かしうるのかもしれへん。ドナルド・トランプさんはもしかしたらその極意を知ってたんかもしれんな」

母「いや、彼にはそんな知性はないやろ。むしろ、アメーバに知性が備わってるんかもしれへんで」

祐「単細胞に？　そらオモロイな。ホンマやったらパラダイムシフトや。だから研究っちゅうのはやめられへん。あ、長居してしもた。ボチボチ帰るわ」

母「オモロイ話ありがとう。気いつけて帰るんやで。また来てな」

祐「おっかー、またな。もう年なんやから体には気をつけて。ほな、さいなら」

母「いってらっしゃい」

[第1章] 少数が創発する機能を見る

[第2章]
少数分子が担う神経シナプス機能

村越秀治
自然科学研究機構生理学研究所

1880年代後半、スペインの神経解剖科学者であるカハール（Santiago Ramón y Cajal, 1852–1934）は細胞のスケッチを矢継ぎ早に行っていました。10歳ほど年上のゴルジが開発したゴルジ染色法（硝酸銀と重クロム酸カリウムを反応させてできるクロム酸銀が組織内の"一部"の細胞に沈着する）をマスターした彼は、脳組織内のさまざまな神経細胞の形態を次つぎと明らかにしていたのです。その中のひとつ（図1A）を見て、みなさんは何を思うでしょうか。

当時、神経細胞同士は細胞膜が陸続きでつながっているとする説（網状説、図1Bの左）と非連続の単位からなるとするニューロン（神経単位、図1Bの右）説があり、大きな論争となっていました。染色法を開発したゴルジは網状説を支持しており、それを後から学んだカハールはニューロン説を支持します。一体どちらが正しいのでしょうか。

カハール、現代神経科学者と出会う（以下はフィクションです）

～189X年～

カハール「うおー、なぜゴルジはわしの言うことがわからんのだ。網状説が正しいなどありえん。これだけ細胞の絵を書きつづけてきたわしの方が正しいにきまっとる！　次の学会ではコテンパンにしてやるわい。今日も大学へ行って細胞のスケッチじゃ。わしの芸術家バリの超精巧なスケッチと深遠な考察で奴を説き伏せてやる」

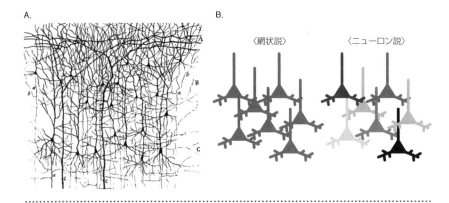

図1／ A：カハールが描いた大脳皮質のスケッチ。B左：網状説。全ての細胞はつながっており内部の液体を共有している。B右：ニューロン説。個々の細胞が区画化されている。
出典（A）：Javier Defelipe, and Edward G. Jones.（1988）. *Cajal on the Cerebral Cortex: An Annotated Translation of the Complete Writings*（History of Neuroscience）. Oxford University Press Inc, Fig. 66 より。

家を飛び出した興奮気味のカハールは、足早に大学へ行く途中で地面が凍っていることに気づかず、滑って転んでしまいます。
カハール「おわー、何でこんなところに石があるんじゃー」
ズッテーン。（←石で頭を打つ）

〜 201X 年〜　目を覚ますとカハールは見慣れない場所にいることに気づく。
カハール「……。ん？　ここはどこじゃ？」
学生「先生！　知らない人が実験室に忍び込んでいます！」
教授「一体どうしたんだい？　そんな人がいる筈ないだろう（実験室に入る神経科学の教授）」
教授「きっ君は誰だ！」
カハール「カハールというものだが」
教授「科波亜流？（どっかで聞いたことのある名前だな……）とにかく今日は今からこちらの学生さんに神経細胞の話をすることになっていて忙しいので帰ってくれないか」
カハール「神経細胞？（わしが研究しているのと同じじゃ）」
教授「なんだ？　君も興味があるのかい？　それなら君も話を聞いていくとい

いよ。僕は神経科学に興味のある人なら誰だろうと拒まないよ」

カハール「そ、そうか？　じゃあ頼むかな（どこにいるのかまったくわからんが、どうせ夢じゃろ）」

電子顕微鏡によるシナプスの観察とニューロン説の実証

教授「それでは今日はシナプスの話をすることになっていたね。シナプスという造語はギリシャ語で連結という意味の単語が由来で……」

カハール「そうじゃ。シナプスという言葉は、1897年にシェリントン（英国の生理学者）が初めて教科書で使ったのじゃ」

教授「そ、そのとおり。君、えらく詳しいね。当時は神経細胞の網状説とニューロン説があったのだけれど、いくつかの実験からニューロン説を支持する人が多くなってきていた」

カハール「わしの観察によれば、神経線維の切断による神経変性が組織のあちこちに広がらない。だから、細胞間には区切りがあるのは当然だと思うんだがな」

教授「……。それでも当時はシナプスを直接見ることはできなかったから、細胞間は細胞質で連続しているとする網状説を支持している人も多かったんだ」

学生「神経細胞同士をつなぐシナプスに間隙があることがわかったのは1950年代に電子顕微鏡によって直接観察されてからですよね」

教授「そのとおり。今日はちょうどシナプスの電子顕微鏡写真を持ってきているけど見てみるかい？（図2）」

カハール「お、おいちょっと待ってくれ！　電子顕微鏡とは何のことだ」

（最初の電子顕微鏡は1931年にベルリン工科大学のマックス・クノールとエルンスト・ルスカによって開発されたため、カハールは電子顕微鏡を知らない）

教授「なんだ君、電子顕微鏡も知らないのか。電子顕微鏡とは可視光（500ナノメートル程度；1ナノメートル＝100万分の1ミリメートル）よりもずっと短い波長の電子線（0.005ナノメートル程度）を使って試料を観察する方法さ。顕微鏡の空間分解能は波長が短い方が高くなる。つまり、ずっと小さいものが見えるようになるということさ。光学顕微鏡の分解能は300ナノメートル程度だけ

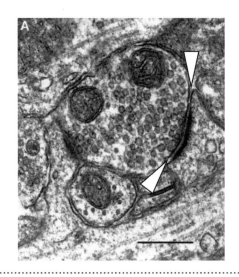

図2／興奮性シナプスの電子顕微鏡写真。矢尻はシナプス間隙を示している。Kennedy (2000) より一部改編。スケールバーは 400 ナノメートル。

出典：Mary B. Kennedy (2000). Signal-processing machines at the postsynaptic density. *Science* 290: 750–754, Fig. 1A. Reprinted with permission from AAAS.

れども、電子顕微鏡の空間分解能は1ナノメートルでとても小さい構造を観察することができるんだ」

カハール「では、この写真はシナプスを超詳しく見たものということか！（わしが普段使っているツァイ○の顕微鏡よりよっぽどよく見えるではないか！）」

教授「そのとおり。よく写真を見てごらん。シナプスには隙間があるだろう？ これがシナプス間隙さ。つまり、前シナプスと後シナプスの間は区切られていてニューロン説をはっきりと支持している」

カハール「やはりニューロン説は正しかったのか！ これは決定的な証拠じゃ！ これでゴルジをギャフンと言わせてやるわい！」

教授「ゴルジをギャフン？ 何だか変なことを言うおじさんだな」

シナプスに存在するタンパク質

教授「電子顕微鏡を使うと微細な構造を観察できるわけだけど、この写真を見

ていると、この構造がどのような分子でできているのかに興味が出てくるだろう？　そういったことを調べるのに有効な方法のひとつが蛍光顕微鏡法だ。抗体を使って脳組織を染色してやることによって、どんなタンパク質がシナプスにあるのかを調べることができるんだ」

学生「学生実習でやりました。興味のあるタンパク質分子を認識する１次抗体溶液に組織を浸け込んで、次に１次抗体を認識する蛍光分子を標識した２次抗体の溶液に浸け込んだものを蛍光顕微鏡で観察しました」

カハール「ということは、細胞自体を染めるのではなく、抗体を利用して細胞の中の特定の分子を染色するということか！」

教授「そのとおり。抗体染色は生物学のさまざまなところで利用されていて、抗体の出来不出来がその分野の進歩の度合いを決めているといってもよいほどなのさ」

カハール「それは、あれだな、昔はニッスル染色で神経細胞の細胞体しか染色できなかったのが、クロム酸銀を使った最新のゴルジ染色法で初めて神経突起まで染めることができるようになって、いろいろ知見が得られたのと同じだな」

教授「ゴルジ染色法だって大分昔の話だろう。変な人だな」

教授「とにかく、この方法でさまざまなタンパク質がシナプスに局在していることがわかってきたんだ。例えばシナプスの中にあるメジャーな分子には、前シナプスと後シナプスをつなぐ接着分子や、イオンを通すNMDA受容体やAMPA受容体、あるいはさまざまなタンパク質を集積するためのPSD-95などの足場タンパク質などがあって、それぞれ大事な役割を果たしているんだ（図3）」

カハール「なんじゃと。シナプスはこんなふうになっておったのか。まったく知らんかったぞ。少し詳しく教えてくれんか？　わしの染色法ではシナプスは黒い点にしか見えんからな。中がどうなっているのかずっと気になっていたんじゃ」

教授「例えばN-カドヘリンやニューロリジンと呼ばれるタンパク質分子がある。これらの分子は細胞間、つまり前シナプスと後シナプスをつなぐ手のような役割をしているんだ」

カハール「ホッホー、なるほど神経細胞同士を繋いでいるのはよいとして、ど

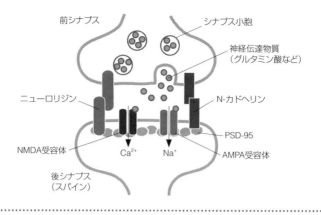

図3／シナプス分子機構の概念図
作画：柴田明裕

のように信号をやり取りしておるのじゃ？　シナプスには隙間があるのだからそのままでは情報のやり取りができんじゃろ」

教授「科波亜流さん、調子が上がってきたね。信号のやり取りには神経伝達物質が使われるんだ。前シナプスから放出された神経伝達物質が後シナプスに到達することによって細胞間で連絡を取り合う。もっともよく知られた海馬のシナプスを例に挙げると、前シナプスで細胞膜内外の電位差に変化（膜内外のイオン濃度の変化による脱分極）が生じるとグルタミン酸が放出される。これがAMPA受容体に結合するとナトリウムイオンが後シナプス内に、つまりスパインの中に流入することで脱分極が起こる。つまり、グルタミン酸を利用して前シナプスで起こる電位変化を後シナプスに電位変化として伝えているんだ」

カハール「そんなふうになっておるとは想像もしたことがなかったわい」

学生「シナプスは非常に精巧にできているのですね」

教授「そう思うだろ。ところが、よく考えてみるとそうでもないのさ」

シナプスに局在する分子は少数

教授「シナプスの直径は非常に小さい。例えると、10メートル四方の教室が脳だとすると1個のシナプスの大きさは1ミリメートルくらいにしかならない」

カハール「そんなことは知っておる」

教授「問題はここからだ。今、1個の後シナプス、つまりスパインの中にあるタンパク質の数を計算してみよう。細胞内のタンパク質濃度はおよそ4ミリモル／リットル（mM）であることがわかっている。アボガドロ数を$6×10^{23}$、スパインの体積が0.02フェムトリットル（fL；1兆分の1ミリリットル）とすると、$4(mM)×0.02(fL)×6×10^{23}=4万8000個$と計算できる。神経細胞内に5000種類のタンパク質が存在しているとすると、各タンパク質は平均10個程度ずつしか存在していないことになる。このように数が少ないことに加えて、ほとんどのタンパク質は細胞内で拡散していることもわかっている。つまり、スパインの状態や反応性は時間的・空間的に刻一刻と変化していることになるし、同じ状態のスパインは2つとないと考えられる。精巧につくられた機械とは本質的に異なるのさ」

カハール「なるほど、わしはシナプスの機能は機械的なものだと考えておったがそうではないのだな」

教授「そのとおり。実際にNMDA受容体やAMPA受容体は数十個ずつくらいしか存在しないことが蛍光顕微鏡観察や電子顕微鏡観察などのさまざまな結果からわかっている。このように、機能を構成している分子の数はそれほど多くなく、状態は常にゆらいでいることを忘れずに研究を進めることが大事だと思う。このように構成分子が少数であるという観点に立った学問を少数性生物学と呼ぶんだ」

学生「NMDA受容体の数は数十個ということですが、なぜ数十個なのでしょうか？　数百個じゃだめなのでしょうか？」

教授「なんだかどっかで聞いたフレーズだな。2番じゃだめなんですか？　みたいな」

教授「でもいい質問だ。なぜシナプスが比較的少数の分子で機能しているのかは、今のところ進化の過程でこうなったということ以外、まったくわかっていない。少数分子で機能することの意義を理解するためには、どのようにしてシナプスのような刻一刻と状態変化する不安定な素子が記憶を担っているのかを知ることが大事だと私は考えているよ。例えば、シナプスの状態が不安定ということは、忘れたい記憶を消したり、新たに記憶を形成することを容易にした

りしているのかもしれない」

＊

教授「今日はカハールの絵から始まって、最近の知見までを概観したけれども、本物のカハールが、彼が生きていた 80 年後の現代の研究成果を見たら何と言うだろうね？　意外と進歩がないな、なんて言うかもね」
カハール「わしがカハールなんじゃけど……」
教授「……」
学生「……」
教授「日も暮れてきたからもう帰ることにするよ。明日も朝一で講義があるし。じゃあね」
学生「私も帰ります」
カハール「お、おい、わしはどうすればいいんじゃ？　わしは誰？　ここはどこ？　一人ぼっちじゃ少数性にもならんぞ！」

参考文献

1. Alan J. McComas（酒井正樹、髙畑雅一訳）（2014）．神経インパルス物語―ガルヴァーニの火花からイオンチャネルの分子構造まで．共立出版．
2. M.F. ベアー、B.W. コノーズ、M.A パラディーソ（加藤宏司ほか監訳）（2007）．カラー版 神経科学―脳の探求．西村書店．
3. Defelipe J and Jones EG (1988). *Cajal on the cerebral cortex: An annotated translation of the complete writings* (History of Neuroscience). Oxford University Press Inc.
4. Kennedy MB (2000). Signal-processing machines at the postsynaptic density. *Science* 290: 750-754.

[第3章]

少数の侵入
インフルエンザはウイルス何個で感染するか

大場雄介
北海道大学大学院医学研究科
生理学講座細胞生理学分野

　病原性を有するウイルスに感染すると、ヒトは病気を発症する。インフルエンザウイルスによるインフルエンザ（流感）もそのひとつである。ヒトの細胞の数を鑑みると、侵入するウイルスの数はとても少ない。「いったい何個のウイルスが感染すればインフルエンザになるのか？」この問を考える時、筆者はいつも『スター・ウォーズ』のプリンセス・レイアの救出のシーンを想起する。

　ルーク・スカイウォーカー（以下ルーク）とオビ＝ワン・ケノービ（オビ＝ワン）は、帝国軍の巨大兵器デス・スターの設計図を同盟軍に届けるため、密輸業者ハン・ソロ（ソロ）とチューバッカ、R2-D2、C-3POとともに貨物船ファルコン号でオルデラン星系に向かった。しかし惑星オルデランは、プリンセス・レイア・オーガナ（レイア）が同盟軍の秘密基地の場所を明かさなかったため、その見せしめとしてデス・スターのスーパーレーザー砲により破壊され、惑星の残骸が小惑星帯となって浮遊していた。小惑星帯の真ん中にハイパースペース・ジャンプで突っ込んでしまったファルコン号は、デス・スターのトラクター・ビームによって捕獲されてしまう。わずか4人（と2人のドロイド）でデス・スターに侵入してしまうことになった彼らだが、オビ＝ワンはトラクター・ビームの解除に、ルークとソロ、チューバッカは監房ブロックに閉じ込められているレイアの救出に成功する。オビ＝ワンはかつての弟子ダース・ベイダーとの対決で命を落とすことになってしまったが……。

　レイアの救出は大多数の敵（大部分はストームトルーパー）に対し、たった4人と2体のドロイドだけで成し遂げられる。本章は、少ない数の勇者（ウイル

ス）が、巨大な敵（人体）への戦いを挑むストーリーについて、研究者の父とその息子（健）の間で交わされるアホな会話にちょっと耳を傾けたものである。

健「ハックション！　かぜひいたかな……。昨日、布団かけずに寝たから冷えちゃったかな？」

父「冷えたからって、かぜひくわけないじゃん。かぜは感染症だから、細菌とかウイルスとか、かぜの原因となる『病原体』に感染したってことだよ」

健「えっ、そうなの？　よく、冷えたらかぜひくっていうじゃない!?」

父「それは体力が落ちて体の防衛力である『免疫力』が低下して、感染した病原体を撃退できなくなるからだね。だからその前に体は何かの病原体にかかってたはずなんだよ」

健「へえ、そうなんだ。ということはいろんな病原体が攻撃してくるけど、普段はオレの体が守ってくれてるってこと？」

父「おっ、良い質問だね。全部が病原体かどうかはわからないけど、細菌やウイルスはこの周りにいっぱいいるから、いつも体には入ってきてるね。それを体の中の親衛隊がやっつけてくれてるわけだ」

健「そういえば、インフルエンザもかぜみたいに熱が出たりするけど、インフルエンザも『病原体』ってのが関係あるの？」

父「そうだよ。インフルエンザはインフルエンザウイルスというウイルスでなるんだよ」

健「そのままやんけ（笑）」

父「そうだね、ウイルスも細菌も病気から名前がつくことが多いからね」

健「インフルエンザは冬に多いよね？　ワクチンも冬の初めに打つし。なんで？やっぱり寒くて体が冷えるから？」

父「寒くて免疫が弱くなりがちってのも確かにあるだろうね。でもね、冬の方が空気が乾燥していて、ウイルスが長生きできるからだといわれてるよ。体にウイルスがいっぱい入ってくることになるからだろうね」

健「ということは、インフルエンザにかかった人がせきやくしゃみをして、その中にいるウイルスがいつまでも生きてるからってこと？」

父「そのとおり！」

健「そのせきやくしゃみには、どのくらいウイルスがいるの？」

父「せきで5万個、くしゃみで10万個っていわれてるね」

健「多いんだか少ないんだかわかんないや……。そもそもウイルス何個でインフルエンザとかかぜになるの？」

父「それはさっき言ったように、親衛隊である免疫が強いか弱いかによるね」

健「じゃあ、免疫がなかったら1個でもいいの？」

父「それはまだわかってないことだね」

健「あれ、お父さんインフルエンザの研究してなかったっけ？　それなのに知らないの？」

父「むっ、確かに。じゃあ、調べてみよう」

健「どうやって知られてないことを調べるの？」

父「それを考えるのがお父さんの仕事でしょ」

健「あっ、そっか！　お父さん研究者だもんね。で、本当のところどうするの？」

父「そうだね、お父さんの知り合いの野地先生という偉い人が、インフルエンザウイルスの数を正確に数える賢い方法を開発したんだよ。まず相談してみよう！」

　ウイルス研究においてウイルスの量を測る指標として力価（ウイルスの場合はとくにウイルス価）という数字が用いられる。ウイルス価はウイルスが含まれる液体中のウイルスが細胞に感染できるようなもっとも薄い濃度で表される。したがって、感染させる標的細胞の種類や感染したかどうかを評価する方法により（場合によっては同じ結果を見た人によっても）算出されるウイルス価は大きく変わる。これではウイルスそのものの数を「定量的」に表しているとはいいがたい。それに対して、東京大学の田端和仁先生、野地博行先生らが開発したマイクロチャンバーを用いたインフルエンザウイルスのデジタルカウンティング技術は、ウイルスの絶対数を数えることが可能である（第7章参照）。その方法によると、ウイルス価が1であるウイルス溶液には2000個のウイルスが含まれていることが明らかになっている（Enoki et al, *PLoS One* 7: e49208, 2012）。

健「お父さん、インフルエンザにはウイルス何個でなるかわかったの？」

父「何個か、というのはこれからまだまだ研究しなくてはならないけど、野地先生と一緒に研究して面白いことがいろいろわかってきたよ！」
健「例えば？」
父「まずは、お父さんたちがこれまで実験で使っていたウイルスの数って、実際にインフルエンザにかかる時ではありえないくらいたくさんってことがわかったんだ」
健「どういうこと？」
父「この前、せきには5万個、くしゃみには10万個ウイルスがいるって言ったじゃない？」
健「うん、そうだったっけ？ 忘れた……」
父「まっ、忘れてもいいけど、そうなんだ。で、使っているウイルス液の中にいるウイルスを数えてもらったところ、お父さんたちがやってる実験って、ヒトの場合で計算し直すと、せきだと1200万回、くしゃみでも600万回くらい浴びないといけないことになるんだよ」
健「それってどんだけ？ 5万個が1200万回？ えーっと一、十、百、千、万、十万、百万、千万、一億……、ってありえなくない？」
父「そうなんだよ。実際は数回分で大丈夫だよね。だから実験で使ってる細胞はもっといっぱいウイルスを浴びていて、現実ではありえない状態だったってこと」
健「それって全然だめじゃん‼」
父「そうだね。でも今までの常識がそうだったから、お父さんたちもそうしてたんだよ」
健「常識って、決まりのこと？ 決まってることだったっけ？」
父「まあ、そんなところだね。今日は決まりごと、って感じで理解しておいていいね。その今までの決まりごとに則って実験したら、現実ではありえないものだった、ってことなのさ。常識にとらわれすぎると真実を見失うことがある典型例だね」
健「ところでお父さん、オレまだ宿題やってないんだけど、宿題やるのは常識だよね？ 常識にとらわれず大発見をする研究者になりたいから、しなくてもいい？」

父「アホ、大発見は基本的な知識があってこそ成し遂げられることだし、常識を理解せずに常識にとらわれているかどうかをどう判断できる？ それに、社会生活は大概のことは常識どおり過ごした方がいいんだよ。研究とか大事なところだけはとらわれすぎない方がいい場合もあるってこと！ 宿題はあとでちゃんとやるんだよ‼」

健「はーい（泣）。で、研究のことはどうなったの？」

父「それでね、どんどんウイルスを少なくして実験をしてみたんだ。そうしたら、インフルエンザに感染するかどうかは、これまでいわれていたウイルス価によっては全然決まらなくって、ウイルスの数が大事だってことがわかったんだよ」

健「それって当たり前じゃない？」

父「確かに結果を見てからだとそう思うけど、今までの常識は違ったわけだよ」

健「やっぱり常識にとらわれるのはよくないね！」

父「まあね。でね、どんどん少なくしていっても細胞はインフルエンザに感染するんだよね。結局10個くらいは必要だってことがわかったんだ」

健「じゃあ、10個でインフルエンザにかかるんだね？」

父「さっきも言ったけど、10個と決めるにはまだこれから実験が必要なんだ。でも数個から20個の間であることは間違いないね。でも、もっと面白いことを発見したんだ。それは細胞1個あたりウイルスが20個以下の時と20個以上の時では感染の様子が全然違うことがわかってきたんだ（図1）」

健「どういうこと？ 何が違うの？？」

父「そうだねぇ……20個よりは少ないときはそぉーっと隠れるように細胞に感染して、ウイルスは潜んでいる。でもそこで増殖して増えてくると、周りの細胞に20個以上の数で感染できるようになり、どんどん感染が増えてくるって感じ」

健「ウイルスって細胞がないと自分では増えることができないの？」

父「そうなんだよ。教えてなかったよね。病原体にもいろいろあるけど、人間に病気を起こすものは細菌とウイルスが多くて、もっとも大きな違いは、細菌は自分で増えることができるけどウイルスは細胞に感染しないと増えることができないことだね」

[第3章] 少数の侵入

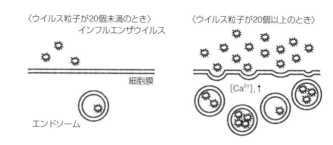

図1／インフルエンザウイルスは細胞がもつエンドサイトーシスという現象を利用し、エンドソームの中に取り込まれることで細胞内に侵入する。ウイルス粒子数が少数（20個未満）のときには、粒子の細胞内への侵入は非常にゆっくりで、わずかしか感染できない。しかし、粒子数が多い（20個以上）ときは、先行部隊の侵入により細胞内のカルシウム濃度（$[Ca^{2+}]_i$）上昇が生じる。これによりエンドサイトーシスが亢進し、いわば細胞膜の門が開いた状態になる。この門を介して効率よくウイルス粒子が細胞内へと取り込まれる。

健「ウイルスって細胞がないとだめなんだ」

父「そうなんだ。だからウイルスは分類上生物には含まれないね。自分のことをひとりではできない健みたいだろ？」

健「うるさいなー、もう！」

父「ははは。話を元に戻すと、お父さんたちの実験は20個以上のときに起こる現象を見ていたんだけど、20個以下のときにもまだわかってない方法を使ってウイルスは細胞に侵入する手段をもっているってことが初めてわかったんだ」

健「じゃあ、お父さんの今までの研究は意味なくない？」

父「そうともいえないよ。これまでお父さんたちの研究でインフルエンザウイルスの侵入には細胞内のカルシウムが大事ってわかっていたけど、少ないときと多いときの違いもやっぱり細胞内のカルシウムが決めるみたいなんだ」

健「よかったね！」

父「あと、免疫もあるから感染するってことと病気になるってことは必ずしも同じではないからね。20個以上の状態になってもそこに効く薬があれば、自分の免疫力と力を合わせてウイルスをやっつけることができるだろうね。タミフル（注：タミフルは商品名で物質名はオセルタミビル）なんかはそういう薬で実際に効果がある」

健「でもさ、この前タミフルたいせい（耐性）の話をテレビでやってたよ。オレ、たいせいって言葉がわからなかったんだけど、どうやらいままでの薬じゃだめなんだって」

父「さすがテレビっ子（笑）。そう、タミフルはインフルエンザが細胞から出ていくところを抑える薬だからね。それこそ20個以上の場合に効く薬だね」

健「じゃあ、20個以下のときに効く薬を使えばいいじゃん！」

父「そのとおり！　だからそこをこれから研究して行くんだよ！」

健「ノーベル賞取れる？」

父「もちろんそれを目指して研究するんだよ、常識にとらわれ過ぎないようにね。さ、一般常識のある人は宿題やるんじゃないかな!?」

健「はーい（しょぼしょぼ）」

　圧倒的少数で敵の懐に飛び込むためには何らかの打開策が必要である。冒頭のスター・ウォーズのプリンセス・レイアの救出の場合はどうか？　ルークとソロは倒したストームトルーパーの装甲服に身を包み敵に化け、チューバッカに手錠をかけて囚人の護送を装いデス・スター内に侵入した。この時点ではデス・スターで騒ぎは大きくなっていない。細胞に20個以下のウイルスが侵入した状態である。この時点で彼らを捉えることができれば、ヤヴィンの戦いでルークにプロトン魚雷を排熱孔に命中させられ、デス・スターを破壊されることはなかった。

　監房レベルに到着したルークとソロは、これ以上ごまかしがきかなくなりブラスター銃撃戦をおっぱじめてしまう。騒ぎはデス・スター中に知れわたり、侵入者を捕獲せんと厳戒態勢がしかれてしまう。これは感染が20個以上のモードに移った状態で、宿主である人間も免疫反応によりウイルスを排除しようとする状態にあたる。

　最終的にルークとソロは独房からレイアを助け出し、数々の危機を脱し（オビ＝ワンはベーダーとの戦いで命を落としフォースと昇華するものの）、最終的には船外への脱出に成功する。弱点を知った同盟軍はデス・スターの排熱孔を攻撃し、最終的に破壊する。ワクチンやタミフルによる治療が行われた人間から増殖できるウイルスは、その抑制効果を知り、それを凌駕した「新しい」ウイ

ルスとしての能力を有している。これが世で騒がれている「耐性株」である。こうした耐性株を生み出さないためにも20個以下の状態での感染様式を解明し、その対抗策を見出すことが肝要である。

[第4章]

少数の反乱
紙とコンピュータの上の分子たちが予言したこと

冨樫祐一
広島大学大学院理学研究科
数理分子生命理学専攻

　ここにコーヒーが1杯あります。半分に分けてもどちらも同じコーヒーです。もう半分に分けても同じ。

　もちろん、コーヒーが水やカフェインといった分子が混ざってできていることを、私たちは知っています。しかし、それは莫大な数なので、1杯と1滴で性質が変わるようなことはありません。個数で数えるのも不便なので、約6×10^{23}（アボガドロ数）という莫大な数の分子をまとめて1モルと呼んでいるわけです。2モルの水素分子と1モルの酸素分子が反応すると2モルの水ができ（$2H_2 + O_2 \to 2H_2O$）、0.02モルの水素分子なら0.01モルの酸素分子と反応して0.02モルの水ができる、というように、全体の量を同じ比率で変えれば同じように振る舞います。

　本当に？　コーヒーを分けていったらどうなるのでしょう。私たちの日常に、1個の分子が顔を出すことはないのでしょうか。

(**素朴な疑問**)

とある大学の講師みき　（……と書いてみたけれど、学生の反応はどうかなあ。どれ？）
通りすがりのビル「↑これ本当に大学かよ。当たり前だし。このババアぼけてんじゃね？」
みき　（あいたた。ネットの向こうだからって、いきなり失礼にもほどが。うちの学生か？）

みき「ビルさん、ご覧いただけたようで。当たり前、ですか。そうでしょうか」
ビル（あ、見られてた）
ビル「それくらい高校の化学で習ってるよ」
みき「学生？　確かに、教科書にはそう書いてありますが、それがどこまで成り立つのか、考えたことはありませんか？　生物の細胞がどれくらいの大きさかは習ってますね？」
ビル「生物と化学がどう関係するのかわからないけど、人間なら20マイクロメートル（μm）とか言ってたな」
みき「正解。細胞にもよるけど普通はそれくらい。では、その中に分子はいくつあるでしょう？」
ビル「ええと計算……10μmの3乗として10のマイナス12乗リットル（L）、水1リットルはだいたい55モル（mol）、3×10の25乗個くらい、なので掛けると10の13乗……まだ何十兆個もある。多いね」
みき「おおっ、早い。よくできました。全部ならそうなるかな。で、水はたくさんあるけれど、例えばDNAは？」
ビル「46本だろ」
みき「そう、ゲノムDNA（染色体DNA）はヒトなら46本。けれど同じものが46本あるわけではない。タンパク質は？」
ビル「タンパク……牛肉とか豚肉とか食えるくらいあるんだから結構あるんじゃ？」
みき「それもそうで。全部一緒にしたら多くて、ヒトの細胞なら数十億個くらい、もっと小さいバクテリア、例えば大腸菌でも数百万個くらいかな[1]。けれど、種類も多いので、少ししかないのもあって。大腸菌だと細胞に1個あるかないかのも[2]。そうすると、半分に分けられないね」
ビル「でも細胞に1個じゃ大した意味ないんじゃないの？」
みき「DNAは？　1個しかないY染色体を壊しても変わらない？」
ビル「あ……。でもそれは極端な話だろう」
みき「確かに、1分子の違いが1分子の変化で済まなくなるのは、DNAが『鋳型』で、自分は変わらずに何回も化学反応に関われるから。他にも、反応前後で変わらず、何回も反応できる分子があるけど、聞いたことないかな？」

ビル「化学でやった。変わらないといえば触媒。生物だと、酵素か」
みき「正解。細胞は酵素反応で動いているといっていいくらいで、たくさんの種類がある。元々が少なければ、少しの変化でも大きな違いになるかも」
ビル「どう違うんだよ。なんか教科書に載ってるような式とかないの？」

少数が集団を変える？

みき「残念ながら、生物も、その中の酵素もさまざまなので、どこにでも使える便利なものはまだできていないけれど。簡単な場合で考えてみることはできて、式、というか理論もつくられていて」
ビル「理論というと難しそうだけど。本当に簡単なんだろうな？」
みき「さっきも言ったとおり、酵素反応では1分子が大きな影響を与えることができるので、それを組み合わせたモデルを考えてみましょう」

みき「今、2種類の分子 A と B があるとします。その間の自己触媒反応 A + B → 2A、A + B → 2B を考え、両者の反応速度定数は k で等しいとします。これに加え、非触媒反応 A → B、B → A があり、この両者の反応速度定数も u で等しいとします。今、分子の総数を N、溶液の体積を V とし……（続く）[3)4)5)]」
ビル「全然簡単じゃないような」
みき「ああごめん、つい学会発表の調子で。それなら……2チームに分かれてやるゲームを考えてみて（図1）。1対1で戦って、負けた人は勝った人のチームに移る。誰が強いとかもなく勝ち負け半々として、両チーム同じ人数から始めたら、どうなると思う？」
ビル「勝ち負け半々だから、だいたい同じ人数のままで変わらないかな」
みき「2人でやってみる？　Aチーム1人、Bチーム1人」
ビル「それチームっていうかよ。1回やったら2：0になって終わりだ」
みき「そのとおり。たまたま全員負けて終わりになることがあって、それは人数が少ないほど起きやすい。で、終わってしまうとつまらないので、もうひとつ、たまに裏切って相手チームに行くことにする。これがさっきのモデル」
ビル「どんなゲームだよ。負けてる方から勝ってる方に寝返るのはいいけど、

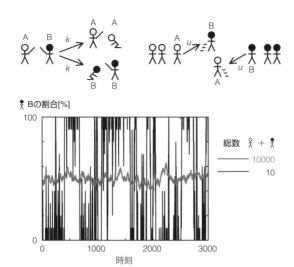

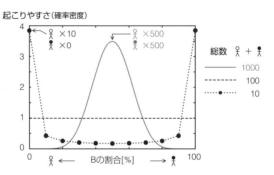

図1／上：モデルの概念図。中：Bの割合の変化。分子の数が多い（10000個）とほぼ半々になるが、少ない（10個）と激しく変わり、どちらか1種類だけになってしばらく止まることも多い。下：Bの割合の「起こりやすさ」（確率密度分布）。数が多いと50%の近くに、少ないと1種類だけ（0%・100%）になりやすい（個数は整数なので、実際の割合は●で示した飛び飛びの値しか取れない）。その中間（100個）ではどの割合にも同じくらいなりやすい。総濃度$N/V=1$、$k=1$、$u=0.01$。

出典：Saito N, Kaneko K (2015). Theoretical analysis of discreteness-induced transition in autocatalytic reaction dynamics. *Phys Rev E* 91(2): 022707 のモデルよりパラメタを変えて作成。

勝った後に1人で飛び出してもボコボコにされるだけだろ」

みき「たまたま連勝して革命を起こせるかもしれないじゃない。実は、裏切る確率を低くすると、たいていどちらかが圧勝していて、時々ひっくり返るようになります。半々になっている方が珍しいくらい。もちろん、みんな裏切ってばかりだと、単に行ったり来たりするだけだから、半々になりやすいね（笑）」

ビル「ゲームになってないぞ、それ」

みき「裏切る確率が一緒なら、人数が多ければ半々になりやすくて、人数が少なければ片方だけになりやすい。ルールを変えずに人数を変えるだけで振る舞いが変わってしまう。そして1人の裏切りからひっくり返ることがある。これが『少数性効果』の例だね」

ビル「まあ、わかったけど、こんなのが生物と関係あるの？」

みき「こういう抽象的なモデルで研究しているとよく言われるけどさ。AもBも、このルールに合うようなものなら何でもいいので、似たようなことがそこら中で起きているはずだよ。といっても信じてもらえないか。もう少しだけ酵素らしいモデルにしてみようか」

みき「今度は2種類の分子AとB、それぞれ不活性型A, Bと活性型A^*, B^*があるとします。各々、自発的に活性化 $A \to A^*, B \to B^*$（各々、反応速度定数r）します。活性型同士が反応し、$A^* + B^* \to A + B^*, A^* + B^* \to A^* + B$（各々、反応速度定数$s$）のようにいずれかが失活します……（続く）[6]」

ビル「要するに？」

みき「ええと。今度は2チームの間で人は動かない。たまに突然活性化……キレる奴がいて、相手チームのキレてる奴とケンカして負けた方がおとなしくなる（図2）」

ビル「いきなり過激になったな、バ……姉さん」

みき「まあね。反応する活性型と反応しない不活性型を移り変わる酵素があって、中にはずっと働かれたら困る壊し屋も本当にいるよ。それはともかく、両チーム同じ人数でやったら、今度はどうなると思う？」

ビル「キレてる奴……活性型の割合は求められる、のかな。式が書けそうだ」

[第4章] 少数の反乱

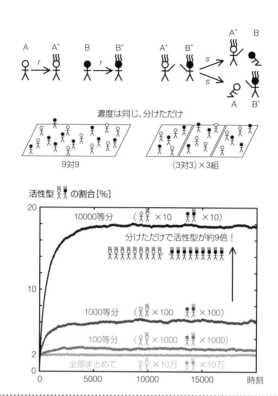

図2／上：モデルの概念図。大きな入れ物にまとめた場合と、それを等分した場合を考える。**下**：すべての入れ物を合わせた、活性型（A*・B*）の割合の変化。初めはすべて不活性型（A・B）とした。多くの分子をまとめると、ほぼ反応速度式からの予想どおり（2%）になるが、小さく分けると活性型が増えてしまう。濃度 $[A_{total}] = [B_{total}] = 1$、$r = 0.0004$、$s = 0.98$。

ビル「Aの濃度を[A]とすると、活性化する反応の速さは$r[A]$。不活性に戻る方はA*とB*が1つずつだから濃度を掛けて$s[A^*][B^*]$かな。変わらなくなるのは、行きと帰りが同じになった時だから、＝で結んで解けばいい」

みき「そのとおり。成分の濃度で化学反応の速さを書き表して、活性化と不活性化とが釣り合った所で濃度が変わらなくなるはず。活性型と不活性型の合計は変わらないから、簡単に解けるよね」

ビル「だな。受験勉強で散々やらされて嫌になったけど」

みき（あれ？ 大学生なら微分方程式を習ってるかな。反応の速さは、単位時間当

たりの濃度変化と結びつけられて、

$$\frac{d[A^*]}{dt} = r[A] - s[A^*][B^*] = r([A_{total}] - [A^*]) - s[A^*][B^*]$$

$$\frac{d[B^*]}{dt} = r[B] - s[A^*][B^*] = r([B_{total}] - [B^*]) - s[A^*][B^*]$$

〔ただし、$[A_{total}] = [A] + [A^*]$、$[B_{total}] = [B] + [B^*]$ は変化しない〕

これを反応速度方程式といって、これを解けば、釣り合う点だけでなく、変化を追いかけることもできるよ)

みき「で、ここで、人数を増やしたら……この場合、濃度を変えないで、体積を大きくしたら（中はちゃんと混ざってるとして）、どうなるかな？」

ビル「反応の速さの式には濃度だけしか入ってないから、変わるわけがないな」

みき「正解。だとすると、大きな入れ物でまとめて反応させても、小さな入れ物たくさんに分けても、全部合わせた結果は同じになるはずなのだけど」

ビル「また少数性効果って言うんだろ。今度は……あれ？」

みき「直観的にどうなるか予想しにくいかな。コンピュータを使ってシミュレーションしてみるとわかりやすいのだけど」

ビル「さっき言ってた反応速度方程式とかいうのを解くってことか？」

みき「実は、分子の数が少ない時には、この式を解くんじゃなくて、1回1回の反応を順に追いかける必要があるのだけど。いつ、どの反応が起きるかは、確率だけしかわからないから、乱数を使って（簡単にいえばサイコロを振って）決める（これを確率的シミュレーションといいます）」

ビル「まじめなのかいい加減なのかよくわからないけど、面倒くさそう」

みき「このくらいならノートパソコンでもできるよ」

みき　（少し専門的になるけれど。中身がよく混ざっているとすると、反応の速さはどの種類の分子が何個あるかで決まってしまうので、次に反応が起きて個数が変わるまで変わらない。次の1秒間に反応が起きる確率も、100秒後まで何も起きなかった時にその次の1秒間に起きる確率〔条件付き確率〕も同じ。

　こういう場合、次に反応が起きるまでの時間は指数分布に従うから、実際に何秒

後に起きたかは指数分布するような乱数を使って決めれば良くて、その間の何も反応が起きていない間のことは気にせず時間を飛ばせるというわけ）

みき「わかりやすいように、Aチーム10万人対Bチーム10万人の場合と、それを100等分して1000対1000とか、1万等分して10対10とかの場合にしてみようか。反応速度定数はどの場合も同じで、反応速度式で考えると活性型が2%になるような設定」

みき「で、やってみるとこんな感じ（図2）。小さく分けただけなのに、なぜか活性型が増えてしまう。まとめて10万対10万でやると確かに2%くらいなのに、1万グループに分けたら9倍くらいになるよ」

ビル「なんで？」

みき「さっきの例えでいうと、1チームみんなキレててもケンカする相手がなかったらキレたまま待ってるからね。大勢いればどこかに相手がいるけど、10人しかいなかったら2%って0.2人だから。いないことも多いわけ」

ビル「バカな奴ら。あ、分子に頭もなにもないか。でも生物でそんなことあるの？」

みき「生物の教科書で細胞の絵を見たことないかな？ 中に小さい袋みたいなのがたくさんあったと思うけど、あんなふうに細かく分かれてたら、それだけで反応の様子が変わるかもね」

みき（ちなみに、さっきは袋の中がよく混ざっている場合を考えたけれど、混ざっていない場合は、分子がどう散らばっているかも問題で。全体の数の少なさだけでなく、密度の低さ〔まばらであること〕による、別の少数性効果もあるよ。

例えば、酵素Xが別の分子Yをつくるけど、Yはすぐ壊れてしまうので遠くまで行けない、とすると。X同士の間が離れていたら、YはXの周りにだけ固まってしまうよね。ここでもし、Y同士やXとYの間で反応が起きるとすると、その反応速度は、Yが一様に散らばっている場合と比べて速くなる[7)8)]）

少数の分子、細胞、個体、……

ビル「ところでこれ、細胞の中だけの話なの？」

みき「良い質問。さっきから人に例えて説明していたけれど、分子が集まって細胞、細胞が集まって個体、個体が集まって社会・生態系、と考えると、似たような問題があってもよくて」

ビル「例えば？」

みき「アリの行動を化学反応と同じようなモデルで表して、少数性効果の議論をした例があったね[4]。個体の中のいろいろな細胞同士の関係は、化学反応と同じといって済ませられないけれど。少数派の細胞が何か起こすようなことはあってもよいと思っていて、現に研究もされてるよ」

ビル「さっきみたいな計算する研究も続いてるの？」

みき「あれ簡単そうでしょ。それが、始めてもう10年以上になるけど、本物の細胞みたいにいろいろな反応がからんでる場合に使える理論をつくったり、個体や社会のレベルの話につなげたりするには、まだやることがたくさんあってね[9)10)]。うちでは実験はしてないけど、実験してる人ともよく話してる」

ビル「それなら今から行ってもまだ面白いこと残ってるかな。大学受験までまだ時間あるから考えてみる」

みき「あ、やっぱり高校生だったか。この話もだけど、数学と物理と化学と生物と地学と情報と政治経済と……の間みたいなとこに面白いこと残ってるから、受験に使わないからってさぼらず勉強してきてね」

ビル「はい、ありがとーございましたー」

みき　（ふう。失礼なバカかと思ったけど、知識はあるし、ぱっと計算できるし、実はいいとこの優等生なのかも。これくらい元気なのがうちの研究室にも来てほしいな。ちょっとプロフィール見てみよ……）

みき「なにこれ？『AI高校生。中の人なんかいねえよ』『弊社が開発した最新の人工知能エンジンがつぶやいています』？　ひえー、やられた。けど、この子なら革命の最初の1人になってくれるかもね」

[第4章] 少数の反乱

参考文献

1. Milo R, Phillips R (2016). *Cell biology by the numbers*. Garland Science.
2. Taniguchi Y, Choi PJ, et al (2010). Quantifying *E. coli* proteome and transcriptome with single-molecule sensitivity in single cells. *Science* 329(5991): 533-538.
3. Ohkubo J, Shnerb N, Kessler DA (2008). Transition phenomena induced by internal noise and quasi-absorbing state. *J Phys Soc Jpn* 77(4): 044002.
4. Biancalani T, Dyson L, McKane AJ (2014). Noise-induced bistable states and their mean switching time in foraging colonies. *Phys Rev Lett* 112(3): 038101.
5. Saito N, Kaneko K (2015). Theoretical analysis of discreteness-induced transition in autocatalytic reaction dynamics. *Phys Rev E* 91(2): 022707.
6. 冨樫祐一（2014）。少数分子反応系理論・少数性生物学。生体の科学 65(5): 450-451。
7. Shnerb NM, Louzoun Y, et al (2000). The importance of being discrete: Life always wins on the surface. *Proc Natl Acad Sci U S A* 97(19): 10322-10324.
8. Togashi Y, Kaneko K (2004). Molecular discreteness in reaction-diffusion systems yields steady states not seen in the continuum limit. *Phys Rev E* 70(2): 020901.
9. Togashi Y, Kaneko K (2001). Transitions induced by the discreteness of molecules in a small autocatalytic system. *Phys Rev Lett* 86(11): 2459-2462.
10. Nakagawa M, Togashi Y (2016). An analytical framework for studying small-number effects in catalytic reaction networks: A probability generating function approach to chemical master equations. *Front Physiol* 7: 89.

[第5章]
少数の個性
分子にも個性？

小松﨑民樹
北海道大学電子科学研究所

　高校で学ぶ物理では、速度、加速度、エネルギー保存則といった物体の運動から、粒子がいっぱい（〜10^{23}個）集まった状況を理解する熱力学を学びます。前者の場合、物の質量、位置、速度などを知ることで一義的にその瞬間の状況（状態）が決まります。一方、熱力学では、温度、圧力、体積、粒子の数といった驚くほど少数の変数で、その状態が決められると学びます。いっぱい集まっている状況では、個々の粒子（分子、原子）の振る舞いは"烏合の衆の一人"と同じで、そこには個性的な分子の振る舞いなどはないと言っていることに当たります。本当なのでしょうか？　今回は、札幌の高校でバスケットボール部の部活動で忙しい17歳の女子学生の悠さんと、大学で生命科学やらカオスやら研究をしているお父さんとの会話を通して、分子にも個性があるかもしれないという最近の研究をみてみましょう。

個性って？

悠「パパは、前はカオスを研究していると言っていたし、今は生命科学も研究していると言うし、一体、何を研究しているの？」

父「そうだね。最近、研究している、分子にも個性があるかもしれないという話をしようかな」

悠「なんか面白そうね。個性って人間とか生きものだとイメージしやすいけれど、無機質な分子に個性ってあるの？　それにカオスともまったく関係ないよ

うな気がするんだけど」

父「カオスとの関係は少し後で話すとして、まずは、個性の定義をしないといけないね。個性的という言葉はどういうときに使うかな？」

悠「人に対して個性的であるというときは、なにか普通の人とどこか違う要素があるときに対応すると思うわ」

父「普通の人という表現をわかりやすく別の言葉で言い換えられる？」

悠「平均的な人ということになるわ。例えば、バスケットボールでいえば、平均の身長に比べて、ずば抜けて背が高い人は、ほかの選手には持っていない長所にもなるし（ダンクシュートができるとか）個性的といえると思うの」

父「そのとおりだね。また、平均を求めるときの選手の数が２〜３人とか少ないサンプルではなく、10桁、100桁、……、多くのサンプルに対しての平均からの違いを議論しないと"個性的"か否かは判断難しいよね」

悠「バスケットボールは、自分のチームはシュートをして点数を入れて、相手チームのシュートを一定のルールの下、防御するスポーツなんだけど、個性的な要素を持っていてもゲームに関係ない個性もあるわ」

父「良い視点だね。例えば、選手の髪の毛の長さとかはゲームの勝ち負けに関係ないので、髪の毛が１メートル長い選手とか、髪の毛を剃っている選手とか個性的かもしれないけれど、ゲームの勝敗を決める要素にはならないよね」

悠「ここまでは、普通の話としてわかるけれど、それが分子の個性とどう関係するの？」

父「分子にもゲームの勝ち負けに対応するものがあるんだよ。高校の化学で学ぶ化学反応を思い出してほしいのだけど、化学反応のひとつである酵素反応を例に挙げてみよう。酵素反応とは、酵素と呼ばれる分子Ｅが基質と呼ばれる分子Ｓと出会って、分子Ｓを反応させて別の分子Ｐにする手助けをする反応を指すんだ。分子Ｅ自身は別の分子になるわけではなく、手助けする機能をもっていて、こういう機能を『（反応を）触媒する』っていうんだよ。ここで、酵素分子にとっての"ゲームの勝敗"とは、どの酵素分子Ｅが基質分子Ｓを、一番、手助けして素早く分子Ｐにすることができるかということに他ならないんだ」

悠「でも酵素分子といっても原子の数、種類とか化学結合が違っていれば、手

助けする能力も違って当然だわ」

父「そのとおり。でも、ここでいう分子の個性というのは、まったく同じ組成、同じ化学結合をもつ分子であっても、"ゲームによく勝てる"分子、つまり、基質分子を素早く別の分子にする分子、とそうでない分子がいるかもしれないという話なんだ」

悠「高校の授業では、分子って無機質なもので、全部同じだと思っていたわ」

父「それじゃ、どうやって研究者が分子にも個性があるかもしれないと主張したのかを説明してみよう」

分子にも個性がある？

父「過去数十年のあいだ、遺伝子工学の進歩によって、(特定の周波数の) 光を分子の形が変わるたびに放出するような細工をすることで、分子の形が時々刻々どのように変化するかが検出できるようになったんだ」

悠「分子にも個性があるかもしれないという実験はどういうものだったの？」

父「ハーバード大学の Xie 先生のグループが、さっき話をした酵素反応を分子1つのレベルで溶液中で観察することに成功したんだ[1]。具体的には、図1のように、β-ガラクトシダーゼという大きな酵素分子の末端の一部をビーズ (球状の物体) に固定して、光を照射して観察している領域から"逃げない"ように捕まえておくんだ。そして、β-ガラクトシダーゼは溶液中をたくさん動き回っているレゾルフィン-β-D-ガラクトピラノシドという基質分子を反応させて、レゾルフィンという光を発する分子に変化させる。分子の名前は大事ではないので、酵素分子を分子E、基質分子を分子S、また、生成するレゾルフィンを分子P^*と呼ぶことにしよう。生成した分子P^*は観察している小さい領域から拡散してすぐに出ていってしまうため、(観察している領域を注視する) 観察者から見ると、光ったと思ったら、すぐに消えてしまい、別の分子Sが酵素分子Eのところまでやってきて反応して分子P^*に変化するまで光らないことになる。光っていない時間帯はちょうど (酵素分子Eの) 反応の待ち時間に相当することになる」

悠「ちょうど鵜飼いと同じね。鵜がアユを捕まえた"瞬間"に光って、次のア

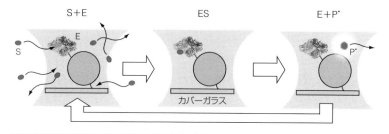

図1／β-ガラクトシダーゼ（酵素分子；E）の末端をビーズ（球状の物体）に固定し、溶液中を動き回るレゾルフィン-β-D-ガラクトピラノシド（基質分子；S）と反応させて、レゾルフィン（生成分子；P*）という光を発する分子に変化させる。生成分子P*は直ちに拡散するため、その光は観察者の目にはすぐに消えてしまい、別の分子Sが酵素分子Eと反応して分子P*に変化するまで光らない。光っていない時間帯は酵素分子Eの反応の待ち時間に相当する。

ユを捕まえるまでは暗いということね。鵜は鵜飼漁をする人（鵜使い）に逃げないように首に紐をつけられているので、鵜使いがそのビーズの役目ね」

父「そのとおり、わかりやすい例えだね。今度、授業で使わせてもらうことにするよ。加えていうと、ビーズもガラス状の板につながれているんだ。ちょうど鵜飼いが乗っている船に対応するかな。さて、Xie先生たちは、酵素分子Eの反応の待ち時間がどのように分布しているか、また、反応の待ち時間のあいだにどのような相関があるかを基質分子Sの濃度を変えて調べたんだ。Xie先生たちは、図2に示すように、横軸に反応の待ち時間tを、縦軸に反応の待ち時間の分布（ヒストグラム）$P(t)$を対数プロットしてみたんだ。もし反応の待ち時間分布が指数関数に従う指数分布、$P(t) \approx Ae^{-\gamma t}$（$A$および$\gamma$は定数）、をしていれば、その対数プロットは負の傾き$-\gamma$をもつ直線になるはずだね。つまり、図2は基質分子Sの濃度が高くなると反応の待ち時間が指数分布から非指数分布になることを示しているんだ。加えて、Xie先生たちは前後の反応の待ち時間の間に有意な正の相関が生まれることも発見したんだ」

悠「ふーん。それからどうやって分子にも個性があるなんてことがわかるの？」

父「まあまあ慌てない。平たくいうと、反応待ち時間は、基質分子Sが酵素分子Eに出会うための（拡散の）時間、出会ってから反応に要する（反応の）時間などによって総合的に決まるはずだから、分布もそれを反映していることが

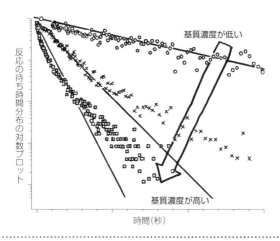

図2／基質濃度が高くなると反応の待ち時間が指数分布から非指数分布になる。
出典：English BP, Min W et al（2006）. Ever-fluctuating single enzyme molecules: Michaelis-Menten equation revisited. *Nature Chem Biol* 2: 87, Fig 2aを参考に作図

予想されるよね。数学的な背景は大学で学ぶとして、指数分布をもつということは"変化を表す"（実効的な）時間スケールが1つ存在し、非指数分布をもつということは、それが2つ以上存在することを意味するんだ」

悠「基質分子Sの濃度が低いとき指数分布をもつということは、拡散や反応の時間など時間スケールが複数あることと矛盾しないの？」

父「基質分子Sの濃度が低いということは、基質分子Sが酵素分子Eの周りにあまりいないから、それだけ基質分子Sが酵素分子Eに出会うための時間間隔が長くなる。つまり、出会うための拡散が全速度を律する一番遅い段階になり、実効的な時間は1つになるんだ。逆に、濃度が高いと拡散がかならずしも反応の待ち時間の分布を支配しないため、非指数的な分布をもつわけなんだ」

悠「前後の反応の待ち時間の間に正の相関があるということはどういう意味なの？」

父「ある時点の酵素反応における反応の待ち時間が短ければ（長ければ）、次の時点での反応の待ち時間も短く（長く）なることを意味するのさ。正の相関が有意に存在するのは、基質濃度が高い場合だけなんだ。Xie先生たちは、基質分子Sを生成物P*に反応させる時間は、そのときの酵素分子Eがもってい

る形に応じて異なるとすると、時間スケールが複数存在しえて非指数分布を説明できるのではないかと考えついた」

悠「鵜飼いの例えでいえば、鵜がどういう体勢を取っているかに応じて、アユを捕まえる早さが異なるであろうことに相当するわね」

父「わかりやすいなあ。悠はパパよりも説明がじょうずだね。基質濃度が高いとき、酵素分子Eが別の形に移り変わる前に次の基質分子Sがやってくることが多くなるので、酵素分子Eの立場からすると別の形に替わろうとするとき別の基質分子Sがあっという間にやってきて、ほぼ同じ形で新しい基質分子Sと反応することになるんだ。形に応じて、いろいろと反応の時間が異なりえるので、反応の待ち時間の分布は非指数分布をとり、かつ、前後の反応の待ち時間のあいだには正の相関があると解釈したわけだ」

悠「なるほど、分子の個性というのは、形(かたち)が違う分子たちのことで、形によって基質分子Sを反応させる、つまり"分子のゲームに勝つ"、速さが違うことを意味するのね」

父「そのとおり。そして、反応が起きる時間は分子が形を変える（移り変わる）時間のスケールより速くないといけないのさ。そうでないと、前後の反応の待ち時間は相関をもたないわけさ」

細胞の中の分子個性へ

悠「でも酵素分子がアボガドロ数くらいあったら、どの分子が反応を速やかに促進させることができるか、どの分子が"ゲームに勝てる"か、という勝ち負けの問題も、結局、平均化されてしまって、分子の個性を論じる意味がなくなるような気がするわ」

父「そのとおり。とても鋭い洞察だね。これまでの話はあくまでも1つの酵素分子を想定しているからね。高校の化学では、濃度、つまり、（1リットルなど）単位体積当たりの分子の数、の考えを学ぶよね。濃度の考えには、10の23乗個といった膨大な数の分子の集まりを前提としているため、分子個々の形や運動の違い、つまり、分子の個性、は平均化されるものと考えられているんだ」

悠「とてもよくわかってきたわ。逆にいうと、10の23乗個よりもずっと少な

い分子の集まりだと分子の個性が顕在化する可能性がでてくるわね」

父「そのとおり！　それがいま研究者が日々解き明かしたいと思っていることなんだ。2010 年に谷口さんという人がその Xie 先生たちと大腸菌 1 つひとつの中にあるタンパク質の数を実際に数え上げたんだ[2]。その結果、大腸菌 1 つ当たり、各種タンパク質の平均の数は 0.1 から 1000 程度しかないことがわかってきたのさ。ここで、大腸菌の集まりに対して平均の分子数が 1 以下ということは、そのタンパク質が 1 つも入っていない大腸菌も存在するということを意味するんだ」

悠「それって、細胞の中のタンパク質を見ると、分子の個性も見えるかもしれないということね！」

父「そうなんだ。ただ、細胞のなかの分子 1 つひとつの形の動きを観察することは、まだ技術上の困難さがあるので、達成されていないんだけどね。パパたちは、分子が発する光の明滅のパターンから、どれくらいの数、その分子が異なる形をとっていて、どれくらいの速さでそれらを行き来しているのかを観測データから抽出する手法を、最近、開発したんだ[3]」

悠「初めてパパの仕事が少しわかった気がするわ。でもカオスが関係すると言っていたけれど、いままでの話のなかにはカオスの話はなかったけど」

父「アボガドロ数個も分子があれば、分子の個性は平均化されて、分子の集まりの状況（状態）は濃度で表現できる（だろう）と話したね。正しくは、アボガドロ数という膨大な分子の数が存在すること自体が大事なのではなくて、分子が複雑に衝突しあい、その衝突により分子の形が変わるなどの、分子のあいだの複雑な相互作用が存在し、それゆえ、分子個々の振る舞いを完全に予測することができないことが大事なんだ」

悠「なんかピンとこないわ」

父「無理もないと思う。なぜならば、高校物理で学ぶ物体の運動では、質量、位置、速度、（相互作用の結果生まれる）力を決めれば、t 時間後の物体の位置、速度は"解くことができて正確な予測ができる"と学ぶね。"解ける"ということは運動方程式の解、例えば、時間 t に対する位置 $x(t)$ が t の関数として書けることを意味するのさ。例えば、振り子の運動は"解ける"ので、振り子がアボガドロ数個集まったとしても、任意の時刻での振る舞いが完全に予測でき

るんだ。でもそのようなケースは実は稀であって、運動方程式は解けないことのほうが圧倒的に多いんだ。それを成立させる考えが"カオス"なんだ。ただし、カオスには強弱がある。そして、カオスが強いときは、1つひとつの分子の細かな振る舞いはまったく予測できなくなり、単位体積当たりの分子の数、密度、といった確率的な記述で表現することがもっともらしくなってくる。ただし、カオスは必ずしもいつも強いとは限らないんだ。だから確率的な記述が正当化される確率論的な見方とカオスが強くない決定論的な見方のあいだにこそ、真実があるはずなんだ」

悠「もしカオスの強さに違いがあれば、同じ分子の数でも、分子の個性が出やすい分子の集まりとか、個性が出にくい分子の集まりとかあるの？」

父「パパはあると思っているよ。まだ、だれも突き止めた人はいないんだけどね」

悠「最後に、パパはなんで分子の個性とかに興味をもったの？」

父「人間社会でも画一的な平均的な人しかいない"烏合の衆"の会社よりも、個性的な人が適度にいるほうがシステム全体としては発展性があると思うんだ」

悠「それはバスケットボールのチーム構成にもいえるわね。いろいろな個性的な選手がいるほうが、総じて強いもの」

父「個性的な少数のものがどういう役割を担って、発展性のあるシステムを形づくっているのかが面白いと思っているんだ。パパは悠の個性的なところが誰よりも大好きで、これから大学、社会にでて経験していくなかで、世の中のルールを学びつつ、その個性を伸ばしていってほしいな」

文献

1. English BP, Min W et al (2006). Ever-fluctuating single enzyme molecules: Michaelis-Menten equation revisited. *Nature Chem Biol* 2: 87.
2. Taniguchi Y, Choi PJ et al (2010). Quantifying *E. coli* proteome and transcriptome with single-molecule sensitivity in single cells. *Science* 329: 533.
3. Li C-B, Komatsuzaki T (2013). Aggregated Markov model using time series of single molecule dwell times with minimum excessive information. *Phys Rev Lett* 111: 058301.

[第6章]

少数細胞を見分ける・探し出す
少数だけど影響力がある細胞に注目してみよう

城口克之
理化学研究所生命システム研究センター

　ヒトの身体は数十兆個の細胞からできていると考えられています。数十マイクロメートルの大きさの細胞が多いので、メートルサイズのヒトの中にこれだけたくさんの細胞があるのもうなずけますね。さて、こんなにたくさんの細胞がある中で、ほんの少数（場合によっては1個）の細胞がとても大きな影響を与える場合があります。例えばある種の免疫細胞では、特別の性質をもつ細胞が数個あると、それらが効果的にはたらきだして身体を異物から守ってくれるという考えがあります。このように、少数しかいないけれど重要である細胞に注目した研究が行われています。ここでは、少数だけど重要な細胞にはどのようなものがあるのか、少数の細胞をどのようにして見分けることができるのかなどについて、野球好き中学生の凛（リン）と凛のお父さんが話をしています。

～夏休みのある日の午後、お父さんがインターネットをしていました～
父「おーい、凛！　なんか、身体の中にがん細胞をやっつけることができる細胞がいるらしいよ。知ってた？」
凛「知らない。え？　じゃあ、なんでがんになるの？」
父「はは、いきなりするどい質問だね。がん細胞をやっつける細胞はそんなにたくさんいないからみたいだよ」
凛「え？　やっつける細胞の数が少ないから、がんになっちゃうの？　なんだかややこしいね。でも、そんな細胞がもともといるのは心強いね。この細胞をじょうずに治療に利用できたりしないのかな」

父「どうだろうね。もう少し一緒に調べてみようか」

凛「えー、今から―？ キャッチボールしようって言ってたじゃん。でもなんか面白そうだし、自由研究の宿題にいいかもしれないから、まあいいか」

父「よし、決まり！」

凛「がん細胞をやっつけるT細胞？？？ T細胞ってなんだ？」

父「へへー。父ちゃんは知ってるぞ。大学で生物を勉強したからね。T細胞は免疫細胞の一種だよ。免疫はわかるだろ？」

凛「一度病気になったら、同じ病気に二度かからないってやつ？」

父「まあ、それも免疫だね。T細胞というのは、その免疫システムの中で、重要なはたらきをしているんだよ」

凛「どんな働き？」

父「え？ ちょ、ちょっと待って。んー……」

凛「おやじ、生物勉強したんじゃないの？」

父「まあ、昔のことだからな（笑）。ほら、ここに書いてある。T細胞は、基本的には1つひとつの細胞が、異なる受容体をもっているらしい。どうやら、この受容体がキーみたいだぞ」

凛「受容体って何？」

父「細胞膜にあるタンパク質のひとつで、そのタンパク質の形や性質は、遺伝子の配列で決まっているらしい。遺伝子配列はわかるか？」

凛「遺伝子って聞いたことがあるけど、A、G、C、Tとかがたくさん並んでいるやつのこと？」

父「そうそう。そのA、G、C、Tがどういう順番で並んでいるかによって、受容体の性質が違うんだよ。つまりは、身体の中にT細胞がたくさんいて、その性質は、受容体を構成する遺伝子の配列によって決まっているということだ。ここで大事なのは、特別な受容体の配列をもつ細胞のみが、がん細胞を攻撃できるということだ（図1）」

凛「へー。なんか、おやじ、いっぱしの説明をしているね（笑）。それで、そのがんを攻撃できるT細胞の数が少ないの？ この細胞を治療に利用できないの？」

父「お、そうだったね。実は、このがんを攻撃できるT細胞を探しだして、

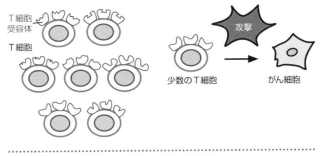

図1／がん細胞を攻撃する少数のT細胞が存在する。

治療に利用するという考えがあるみたいよ」
凛「やっぱり！　それができたら、すごいね！」
父「そうだね。でも、なかなか簡単ではないみたいね」
凛「どうして？」
父「T細胞はたくさんあって、どのT細胞ががんを攻撃できるか見分けることが難しいみたい。少数しかないみたいだから」
凛「少数しかない細胞が病気に大きく影響するかもしれないって、すごいことだね。どうやったら見分けることができるんだろう」
父「T細胞の場合は、その性質を決めている受容体の遺伝子配列を調べることがひとつの方法みたいだよ。遺伝子の配列を決定することを、"シークエンシングする"というみたい。ちなみに、シークエンシングができることになったのは、Frederick Sangerという人の功績なのだね。1980年にノーベル化学賞を受賞しているね。その方法は、Sanger（サンガー）法と呼ばれているみたい」
凛「ふーん。じゃあ、そのT細胞の受容体配列をサンガー法で決めて、がんを攻撃できるT細胞かどうか調べればよいってことか」
父「そうだね。でもね、受容体の遺伝子の配列は、重要な部分だけでも、A、G、C、Tが、全部で500個ぐらい並んでいるみたいで、その中の1つでも違ったら、受容体の性質が変わることがあるみたいだよ」
凛「となると、1つも間違えずに配列を決めなければいけないのか。そりゃ大変そうだ。でも、きっちり見分けることが大事なんだね」
父「そうだね。でも、もうひとつ重要な点を忘れているんじゃない？」

凜「え、何？」

父「がんを攻撃できる受容体をもつT細胞は、少ししかいないってことだよ。それを探すには、たくさんのT細胞の受容体配列をシークエンシングしなくちゃいけないってこと」

凜「あ、そうか。たくさんの細胞から少数の細胞を見つけなければいけないからか。これまた大変そうだ。でも、サンガー法でできるんじゃない？」

父「いや、サンガー法では、時間がかかってしまうらしい。その代わり、最近、次世代シークエンサというものが開発されていて、それを使うと数日でたくさんのT細胞の受容体配列を調べられるみたいだ。ひとつ例を挙げるとね、ヒトのDNAの配列を全部調べるために、サンガー法では、10年以上かかったみたい。でも、次世代シークエンサでは、1週間ぐらいでできるんだって」

凜「そりゃーすごいや。なんだか、一気に研究が進みそうって感じ」

父「そうだね。これだけの技術革新があれば、世界が変わると思うよ。実際に、この次世代シークエンサのおかげで、少数しかないT細胞を見分けることができるようになりつつあるみたい」

凜「ふーん。技術革新おそるべしだね。じゃあ、がんを攻撃する少数のT細胞が、バンバン見つかる時代はすぐそこなんだね」

父「いや、『できた』と『できつつある』というのはだいぶ違うと思うよ。研究は日々進歩していると思うけれど、完成するまでには時間がかかるし、研究者は、そのゴールに向かってがんばっているのじゃないかな」

凜「いつ頃できるようになるのかな」

父「それは、研究者の方々の、これからのがんばり次第なのかもね」

凜「ふ～ん。なんか、そういう研究ってやりがいがありそう。人の役に立てる研究っていいね」

父「凜も挑戦してみたら？」

凜「う～ん。とりあえず、キャッチボールをしながら考えるよ。今からやろうよ」

父「よし！」

〜二人で休憩中〜

父「なかなかうまくなったな。野球は楽しいか？」

凛「うん。とくにキャッチボールがね」

父「ところでさ、さっき、重要なT細胞を見分ける話をしたけど、がん細胞を見つけることも大事だよね」

凛「そうだと思うけど、最初の1つのがん細胞を見つけるのは難しそう。だって、人間ってたくさんの細胞からできているみたいし」

父「がんの研究ではね、転移に関わるがん細胞も注目されているみたいだよ。1個のがん細胞が、血液の中を回って別のところにたどりついてしまったら、そこでまたがん細胞が増えてしまうことがあるみたい」

凛「……血液の中を回っているそのがん細胞を見つけてやっつけてしまうことはできないの？」

父「そういう目標に向かって研究が進んでいるみたいだよ。まずは、どうやって見分けるかなのだけどね」

凛「ふーん。がん細胞は普通の細胞と何が違うの？」

父「さっきちょっと話にでたけど、A、G、C、Tという記号の順番で表わされるDNAの配列が違うみたい」

凛「なら、それを調べればいいね。さっき、ヒトのDNAを1週間くらいで調べられるようになったと言ってたよね。ヒトのDNAは全部で何個くらいA、G、C、Tがつながっているの？」

父「30億個」

凛「えーーー!?　一、十、百、千、万、十万、百万、千万、一億、十億。ちょうど10桁か。そりゃ大変だ。でもそれを調べられるのか。すごいね」

父「でも、しばらくは、DNAの配列が同じ1万個とか10万個の細胞を使って、ようやく30億個のDNAの配列を調べることができていたのだよ。でも、このがん細胞を見分ける場合は、1個とか、2個の細胞から30億個のA、G、C、Tを調べなければいけないよね」

凛「そうか。そりゃもっと大変だ」

父「でも、最近それができるようになってきたんだよ[1)2)]。1個を見分けるということはすごいことでね、違う配列をもった細胞が混ざっているときでも、こ

[第6章]少数細胞を見分ける・探し出す　047

の細胞の配列はこれ、あの細胞の配列はこれ、というように、1つひとつの細胞の違いを調べることができるわけ。だからがん細胞を見つけることができる」

凜「へー。1個で調べられるってすごいことなんだね」

父「この転移を起こすかもしれないがん細胞も、最初からこれががん細胞ってわかっているわけではないから、なるべくたくさんの細胞を調べなければいけないよね。さっきのT細胞と同じだね」

凜「たくさんの細胞全部で30億個の配列を調べるのって、大変じゃない？これも次世代シークエンサという装置ならできるの？」

父「さすがにそれは無理らしい。だから、千個とかそれ以上の細胞を調べたい場合は、がん細胞になると変わりやすい百個とか千個ぐらいの部分の配列に注目して調べるみたい」

凜「なるほど。それでも、千個とか一万個とかの細胞を1つひとつ調べるのって、大変そう。混ざっちゃって、どの細胞の配列だったかわからなくなっちゃいそうじゃない？」

父「いいところに気づいたね。それを避けるためにね、例えば同じ細胞からの百個の配列部分には、人工的に準備した同じDNA配列をくっつけるみたい[3]。シークエンシングする時に、このくっつけたDNA配列と細胞からのDNA配列の両方を同時に調べるみたいよ。このくっつけるDNA配列はバーコードと呼ばれたりするらしい。スーパーとかで商品によくバーコードが貼り付けてあるよね。あれは、同じ商品の数を数えたり、似た商品を区別するために使われているよね。同じように、シークエンシングする時に細胞を区別するために使われているのだね（図2）」

凜「ふーん。たくさんの細胞をいっぺんに調べる方法も、開発されているんだね。いろいろな技を使って、転移するがん細胞じゃなくて、最初にできる1個のがん細胞を見つけられたらすごくない？」

父「そうだね。でも、身体の中にある最初の1個のがん細胞を見つけることはまだまだ難しいみたいね」

凜「でも、どんどんすごいことができるようになってきているから、いつかできるかもしれないね」

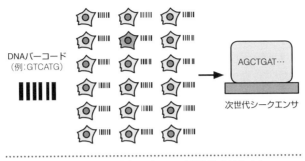

図2／バーコード配列で細胞を区別して、少数細胞を見分ける。

父「そうだね。何事もあきらめないで、いつかできると思ってがんばることが大事だね。野球の練習と一緒だ！」

凛「あはは。そうかも。そういえば、少数の細胞だけど影響が大きいといったら、ピッチャーみたいかも。ピッチャーの調子って、試合にとっても影響するからね」

父「それは確かに」

凛「でも、調子が悪いときのピッチャーを助けるチームワークも大事だよね。ピッチャーに声をかけたり、守備をがんばったり。そういうタイプの細胞もいたりして」

父「面白い考えだね。重要な少数の細胞の周りには、ちょっと別のタイプの細胞がいて、重要な細胞を守ったり、助けたりしているかもしれないね。そんな細胞を調べる研究もされているのだろうね」

凛「少数細胞の研究も大事そうだけど、今度はピッチングしたいから、キャッチャーしてよ！」

父「オーケー。凛は野球が好きだな。好きなことに出会えてよかったな。野球を教えてくれた監督、コーチに感謝しないとね」

凛「してるよ。チームワークとか、挨拶の大事さも教わったしね！」

参考文献

1. Zong C, Lu S, Chapman AR, Xie XS (2012). Genome-wide detection of single-nucleotide and

copy-number variations of a single human cell. *Science* 338: 1622-1626.
2. Ni X, et al (2013). Reproducible copy number variation patterns among single circulating tumor cells of lung cancer patients. *Proc Natl Acad Sci U S A* 110: 21083-21088.
3. Shiroguchi K, Jia TZ, Sims PA, Xie XS (2012). Digital RNA sequencing minimizes sequence-dependent bias and amplification noise with optimized single molecule barcodes. *Proc Natl Acad Sci U S A* 109: 1347-1352.

[第7章]
デジタルバイオ計測

野地博行
東京大学大学院工学系研究科

　分子はつぶつぶです。1.5個の分子ってありません。これまでのバイオ分析では、このつぶつぶ感（離散性）を気にする必要ありませんでした。しかし、最近のマイクロ・ナノ加工技術が身近になったことで、このつぶつぶ感を実感できるようになってきました。そして、つぶつぶ感を生かした測定方法が生まれてきて、「デジタル分析」と呼ばれています。この章ではこのデジタル分析を紹介します。いったい、どうやってつぶつぶ感を感じるのでしょう？　また、つぶつぶ感が得られて、何かいいことあるのでしょうか？　今回デジタル分析について対話いただくのは、デジタルバイオ計測を大学で研究している教授 Hiro と、その息子さん Tomo くんです。家でもしたり顔で何かと解説したがるお父さんに辟易している息子さんは、科学よりゲームの方がずっと好きです。しかも、反抗期真っ最中。最後まで話を聞いてもらえるかな？

「デジタル化」とは？

Hiro「Tomo くん、お父さんが研究している『デジタルバイオ計測』について話をしよう」
Tomo「はぁ？　突然なに？　頼んでないし。ゲームしてるんだからさぁ、邪魔しないで」
Hiro「この本を編集している T 先生から『対話形式で研究を紹介して』っていわれたからさぁ、つきあってよぉ」

Tomo「めんどくせぇなぁ。そもそも『デジタル』って何なの？ 測ったデータをコンピュータで処理するだけだったら、わざわざ『デジタル』っていう必要ないじゃん」

Hiro「Tomoくんは『デジタル』の本来の意味知ってる？ データをいったん離散化して、処理することだよね。『離散化』ってのは、一定間隔で区切った値に置き換えること。例えば小数点以下を四捨五入して整数にするのも典型的な離散化だよ。Tomoくんのゲーム機も、コントローラーの操作をいったん離散化して情報処理するんだよ。そして、すべての情報は０と１の２進法で表現されているんだよ。これ、２値化っていうんだ……」

Tomo「はじまったよ。そんなこと知ってるって（ほんとうはほんやりとだけど）。やっぱ、つまんないからゲームするわ」

Hiro「お願いだから聞いてよぉ」

Tomo「わかったから、よるなよ。５分だけだからな」

Hiro「オッケー。で、デジタルバイオ計測ってのは、測定したい分子からの信号を０と１にデジタル化（２値化）して、『１』の信号の数を測るってことなんだ」

Tomo「？？『測定したい分子からの信号』って何だよ？」

Hiro「いろんな場合があるね。例えば、測定したい分子自体に何か蛍光がくっついていたら、その光のことだね」

Tomo「GFP（緑色蛍光タンパク質）とかだろ」

Hiro「さすがぁ、ノーベル賞をとった下村先生が発見したタンパク質だね。あれは例外的なんだけど、今日は話をしたいのは酵素なんだ。酵素は知ってるね？」

Tomo「知ってるよ。消化酵素とかだろ？」

Hiro「そうそう、ある特定の化学反応を触媒するタンパク質のことだね。酵素によってある特定の分子（基質って呼ぶよ）がどんどん反応して、別の分子になるんだ。学校でご飯のデンプンをブドウ糖に分解するアミラーゼを習ったね。こういった酵素によって反応した分子が、例えば蛍光を発すると、『酵素がそこにある』ってことがわかるね」

Tomo「ふぅーん。でも、測定したいのがかならず酵素とは限らないじゃん」

Hiro「そうだね。でも、後で教えるけど酵素でない分子も酵素で検出できるんだよ。最後まで聞いてね」

Tomo「5分以内ってのを忘れんなよ。で、2値化とどう関係すんだよ」
Hiro「酵素があるビーカーと、酵素がないビーカーを用意すると、あるビーカーの中では反応が起こってだんだん蛍光が強くなるけど、酵素がない方は何も光らないはずだね。『光っているか』『光っていないか』を蛍光の強さで『ある＝1』『ない＝0』と2値化するんだよ」
Tomo「それはわかったけど、それって普通の実験じゃん。何が新しいの？」
Hiro「これを酵素1分子でやるんだよ。0分子のときは信号がないんで『0』、1分子の時は信号があるので『1』ってね」
Tomo「よく知らんけど、酵素が1分子って、メチャクチャ少ないんじゃない。検出できるの？」
Hiro「良いとこ気づくね。そのとおり、普通は難しい。ここでお父さんの技術が出てくるわけ」
Tomo（はじまったよ、また自分の研究の自慢が）

小さいことは良いことだ

Hiro「酵素って効率のよい触媒[1]なんだけど、それでも平均では1秒間に10回くらいしか反応を触媒しない。つまり、酵素を1個しか使わないときは、1秒間に10個しか反応生成物をつくりだせない。たとえば、1センチメートル立方（cm^3）の溶液（＝1mLもしくは1cc）に1個の酵素があったとして、1分間待っても反応生成物の濃度は1アトモル/リットル（aM；a〔アト〕は10のマイナス18乗＝10^{-18}）すなわち1リットル（L）当たり10のマイナス18乗モルにしかならない。これじゃあ、どんな装置を使っても検出はできない」
Tomo「10のマイナス18乗って意味不明だけど、とにかくメチャクチャ濃度が低いってことだろ。なら、濃度上げればいいじゃん」
Hiro「どうやったら濃度上げられる？」
Tomo「酵素の反応をスピードアップすればいいじゃん」
Hiro「そうだね。だけど、酵素の速さを向上させるのは難しい。例えば温度を10℃上げても普通2倍しか上がんない。もっと劇的に濃度を上げるには、どうしたらいいだろう？」

Tomo「もっと温度上げればいいじゃん」
Hiro「ゆで卵みたいに壊れちゃうんだよ」
Tomo「なら、体積を小さくすればいいじゃん」
Hiro「そのとお〜り！」
Tomo「なんだ簡単な話じゃん」
Hiro「そうなんだよ。ただ、劇的に小さくしなきゃいけない」
Tomo「どのくらい？」
Hiro「バクテリアの体積ぐらいだね。1ミリリットル（mL）は$1cm^3$だけど、バクテリアの大きさは1マイクロメートル（μm；μ〔マイクロ〕は10のマイナス6乗。$1\mu m$ = 1/1000 mm）だから1マイクロメートル立方（μm^3）の1フェムトリットル（fL）。フェムト（f）って、10のマイナス15乗だよ。このくらい小さくなると、酵素1個を1分間おくと反応生成物は1マイクロモル/リットル（μM）になる。この単位自体はよくわからないかもしれないけど、さっきより10の12乗倍[2]濃くなったと聞いたら、効果が直感的にわかるよね。反応生成物が蛍光をもっていたら簡単に顕微鏡で見られるよ」
Tomo「じゃぁ、どうやって小さなビーカー作んの？」
Hiro「いろいろな方法があるんだけど、5分しかないし、お父さんの方法を教えるね。油の中に小さな水滴を作って、これをガラス基板にくっつけたんだよ（図1）」
Tomo「油の中の小さな水滴ねぇ。ドレッシングってこと？」
Hiro「いやぁ〜さすがわが息子。話が早い。そうそう、水と油を混ぜてフリフリすると小さな水滴がいっぱい見えるね。あのメッチャ小さい奴」
Tomo「（褒めるのはいいけど、まだ話の終わりが見えないんだけどぉ）それをどうくっつけんの？」
Hiro「ガラス基板を用意して、その表面を油に馴染む物質で、とても薄くコートするんだ（図2）。その後、その物質にとても小さな穴を空けて部分的にガラス表面を露出させるんだよ。ガラス表面は水に馴染むので、そこだけ水滴がくっつくというわけだ。穴の大きさがミクロン（μm）だと、まさにバクテリアと同じ体積の水滴だけがくっつくというわけ」
Tomo「で、具体的にどう使うの？」

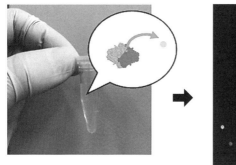

図1／反応体積を小さくするだけで酵素1分子が検出できる理由。酵素によって触媒される反応の反応生成物を検出したい。1mLに酵素1分子だと1分まっても反応生成物が薄すぎて（1aM程度）検出できない（左）。一方、1辺が1万倍、体積にして10^{12}倍小さなリアクタに閉じ込めれば反応生成物が検出できる。右の図は、小さなリアクタを多数並べたデバイスで実施した酵素1分子検出の実例。反応生成物は蛍光をもっているので、光っているのが酵素が入ったリアクタ。空のリアクタは光を出さないので見えない。酵素分子は確率的にリアクタに閉じ込められるので、ポツポツと光ったリアクタが見える。

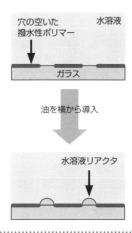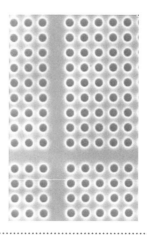

図2／左は、小さなリアクタのつくり方を横から見た図。ガラス表面を、撥水性のポリマーシートでコートする。このあと、微細加工技術の一種（フォトリソグラフィ）を使って、μmサイズの穴を空けガラス表面を露出させる。このデバイスの上から水溶液を垂らして、そのあと油を導入すると、ガラスが露出した穴の上だけ水溶液が残る。右は、実際に作成したデバイスの顕微鏡像。丸いリアクタは直径5μm。

Hiro「最初に、酵素と反応物質が混ざった溶液をこのガラス表面にたらす。その後、油で余分な水溶液を除去する。すると、表面にミクロンサイズの水滴が残るんだ」

Tomo「1個の酵素はどうやって閉じ込めるの？」

Hiro「酵素溶液の濃度を薄めるだけだよ。酵素濃度が低いとき、例えば1個の微小水滴（リアクタ）あたり0.1個の濃度のとき、10個のリアクタのうちどれか1個だけが1個の酵素をもっていることになるね。こうすると、確率的に酵素分子を1個だけ閉じ込めることができる」

Tomo「なぁんだ、適当じゃん。きちっと1個ずつってできないの？」

Hiro「（意外とついてくるな。汗汗）えっと、実はまだ相当難しい。でも、確実に1個ずつ閉じ込めない方がいいんだよ。濃度に応じて酵素を閉じ込めたリアクタの数が変わるから、その数を数えて濃度を正確に求めることができるんだ」

Tomo「ふぅ〜ん。技術がないことを逆手に取るってことだな」

Hiro「そういうなよ。単純だけど、そっちの方がいいわけ。これでデジタル計測ができる」

Tomo「つまり……」

Hiro「つまり、ミクロンサイズのリアクタをたくさん用意して、その中に確率的に酵素を1分子閉じ込める。閉じ込められると、勝手に酵素は反応を開始して、反応生成物が蓄積する。リアクタの体積がものすごく小さいので、反応生成物濃度が急速に上昇して、反応生成物が蛍光の場合、顕微鏡で簡単に光って見えるってわけ。このとき、光ってないものを『0』として、光っているものを『1』と信号をデジタル化してしまう。あとは『1』を全部積算すれば、最初の溶液中の酵素数や濃度がわかってしまうってこと」

Tomo「長いな。でもわかったよ」

それで何の役に立つんだよ

Tomo「しかし、ちまちました技術だな。酵素1個を検出して何が嬉しいんだよ」

Hiro「1個が検出だけでも十分嬉しいじゃないか！『無用の用』[3)]という言葉を知らんのかぁ？　有用なものをみつけるためには一見無用なものが必要なのだ

よっ。しかも、この場合で言えば、メッチャ役に立つぞ」

Tomo「(やばいやばい地雷踏むとこだった) わかったわかった」

Hiro「いいかぁ、まず酵素は色んなところで使われている。病院の血液診断の多くは病原菌やウイルスを抗体という分子で標識して、酵素の反応で検出するんだぞ」

Tomo「抗体？　標識？　わかりやすく言ってよ」

Hiro「よおし、ELISA法ってのを教えよう。これが一番よく使われる方法だ。用意するのは、抗体2種類と酵素1種類。このとき、酵素は反応で蛍光の生成物をたくさん作るものを選ぶ。また、抗体2種類のうち、1種類はこの酵素と化学的にくっついてしまう。残りの1種類は、何か基板やマイクロ粒子の表面にくっつけておく。ほんとうはちょっと違うけど、とりあえず話をシンプルにするため基板の上に固定ってことにしよう」

Tomo「まだ十分ややっこしいな。図でも書いてくんない？」

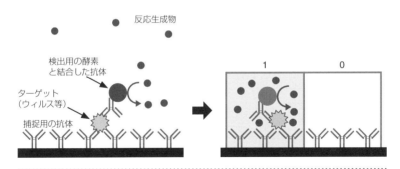

図3／通常のELISA法（左）とデジタルELISA法（右）。どちらの方法も反応自体は同じ。まずターゲットを基板等に固定した「捕捉用抗体」に結合させる。その後、酵素分子と結合した検出用抗体と反応させ、余分な検出用抗体は洗い流す。その後、反応基質を導入し、反応生成物を蛍光や色の変化で検出する。デジタルELISA法は、反応を図2のリアクタで行うことで、ターゲットと検出用抗体を1分子単位で捕捉し検出する。

Hiro「えっと、この図（図3）をご参照ください。この図にあるように、例えばターゲットのウイルスを基板にくっついた抗体で捕捉して、その後、酵素で標識された抗体を結合させるんだ。ターゲットと結合しないやつは洗い流してしまう。そうすると、ターゲットの量と、くっついている酵素の量は比例する。

このとき、酵素によって作られる反応生成物からの蛍光も比例するので、そこからターゲットの分子量を予想するってわけ」
Tomo「ははぁーん。面倒くさいけど難しいはなしじゃないな。で、これをデジタル化するってことは……」
Hiro「すなわち、各リアクタの底面に……」
Tomo「だまってて、今から自分で言うから。結局ご自慢のリアクタアレイを使うんだから、各リアクタ底面にびっしり捕捉用の抗体がくっついているわけね。そんで、ターゲットのウイルスの濃度が薄いとき、確率的に1個だけリアクタに捕捉される。その後、酵素で標識された抗体が上からくっつく。くっつかない分子は全部洗い流す。最後に酵素の基質っていう分子を入れて油で上を閉じる。するとリアクタ中で蛍光色素が蓄積する、ってわけね。で、蛍光強度が『0』か『1』だからデジタル化して数え上げるというわけだ」
Hiro「ご名答！　素晴らしい、さすがわが息子！」
Tomo「（それはもういいから）で、これで病気の原因を1個単位で見つけられるわけだ」
Hiro「そうなんだ。これまでウイルスや病気のマーカー分子を1粒子や1分子単位で検出することはできた例はあったけど、実はめんどくさすぎて実用化に向かないことが多かった。けど、この方法はとても簡単な原理だから実用化に向いているんだ」
Tomo「ほう。なら実用したの？」
Hiro「それが……今一生懸命やっている最中」
Tomo「ほんとうに良い技術なら早く実用化してよ」
Hiro「はい」
Tomo「僕はゲームで忙しいけど、お父さん早く実用化してお金稼いでね」
Hiro「はい……」

注

1. ある特定の化学反応を劇的に加速する物質の総称。過酸化水素の分解を加速する二酸化マンガンから、酵素までを含む。反応の前後で増えたり減ったりせず、それじたいは変化しない。

2. 反応器の 1 辺の長さが 1cm から 1μm へと 10 の 4 乗倍小さくなったので、体積はその 3 乗倍小さくなるわけだね。
3. 『荘子』より。

[第8章]
少数のゲノムDNAが細胞の中に
収納される仕組み

前島一博
国立遺伝学研究所構造遺伝学研究センター

　私たちの細胞では、わずか容量1ピコ(10^{-12}で1兆分の1を表す)リットル(pL)の核の中に、全長2メートル(m)のゲノムDNAが折りたたまれています。このゲノムDNAは細胞の中に2セットあります。細胞の中のゲノムDNAはどのように収納されるのでしょうか。さらには、特定の遺伝子の情報がどのように検索され、どのように情報が読み出されるのでしょうか。このような問題は「少数性の生物学」の最も基本的な事例です。以下にくり広げられる、生物学者の父Kと高校生の娘Sの対話を通して、この問題について考えてみましょう。

S「『生物』の授業って、覚えなきゃいけないことばかりでつまらないんだよね。今日、授業でDNAの話が出てきたんだけどさー」
K「『生物』は、ほんとうはとっても面白いんだけど（笑）。DNAはどんなふうに習った？」
S「DNAはデオキシリボ核酸の略で、生命の設計図のはたらきをするんだって。4種類の塩基アデニン（A）、シトシン（C）、グアニン（G）、チミン（T）が、はしごのように並んでいる（図1上段）。はしごの外側はリン酸が連結していて、マイナス電荷をもっている。だから核「酸」。塩基のAとT、CとGは水素結合でペアをつくっていて、はしごがねじれて「2重らせん」になっている（図1中段）。それで3つの塩基の並びがアミノ酸の種類に対応してるって。例えば、DNAの塩基配列がTTT・TCT・TAT・TGT・CTT・CCT・CAT・CGTだったら、アミノ酸の並びはフェニルアラニン・セリン・チロシン・システイン・

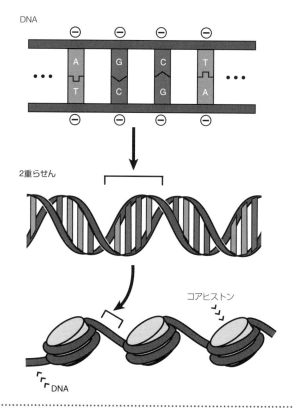

図1／上：DNAの2本のリン酸の鎖の間に塩基がペアになってはしごができている。その側のリン酸の鎖はマイナス電荷。中：このはしごがねじれて、直径2 nm（nm；100万分の1 mm）の2重らせんをつくっている。下：マイナス電荷をもったDNAはプラス電荷をもった糸巻きコアヒストンに巻かれる。

ロイシン・プロリン・ヒスチジン・アルギニンになる。そして連結されてタンパク質になるんだって」

K「では、30億個の塩基が並んでいるヒトゲノムDNAには、どのくらいの情報が蓄えることができるのだろう？　ちょっと計算してみよう。4種類の塩基A、C、G、Tが30億（3×10^9）個並んでいる。これは単に順列なので$4^{(3 \times 10^{-9})}$とおりの情報になる。$4^{(3 \times 10^{-9})} = 2^{(6 \times 10^{-9})}$なので、情報の単位に直すと$6 \times 10^9$ビットに対応する。8ビットが1バイトだから、結局約750メガバイト（0.75ギガバイト）。これはだいたいコンパクトディスク（CD）1枚分（700メガバイト）かな」

S「それって案外少なくない？　私のスマホの容量だって64ギガバイトだよ」
K「確かに、数十分の1しかない。でも細胞の核の大きさって、直径約10 μm（μm：1000分の1 mm）だよ。ちょっと体積で割ってみると……約$7.5 × 10^{14}$バイト/mm^3。とてつもなく高密度になる。CDについて計算すると約$5.1 × 10^4$バイト/mm^{3}だ。ブルーレイは約$1.8 × 10^6$バイト/mm^3、フラッシュメモリだって$6.3 × 10^8$バイト/mm^3。だから細胞の中のDNAの情報はフラッシュメモリより100万倍も高密度っていうことになる」
S「DNAってほんとにすごいメモリ装置なんだね」
K「そうそう。だから、『全長2mにもなるヒトゲノムDNAがどのように細胞の中に収納されているのか？』っていうのは、とっても重要な問題なんだよ。学校では、DNAはどのように折りたたまれるって習った？」
S「マイナス電荷をもった、ながーいDNAがヒストンっていうプラスの電荷をもった糸巻きタンパク質に巻かれて、ヌクレオソームっていうのをつくるの（図1下段）。この糸巻きはコアヒストンって呼ばれていて、ヒストンH2A、H2B、H3、H4っていう4種類のタンパク質が2セットずつ含まれている。それで、このヌクレオソームは規則正しくぐるぐるらせん状に折りたたまれて、クロマチン線維をつくるって（図2左）。そしてこのクロマチン線維がさらにぐるぐるらせん状に巻かれて階層構造っていうのをつくる。こんな感じかな」
K「で、この構造についてどう思う？」
S「とってもきれい。細胞って几帳面って感じ。でも、はっきりいって、ほどくの大変そう。ある遺伝子の情報がほしいとき、細胞はいったいどうするんだろう？　こんなきれいな階層構造になってたら、欲しい遺伝子が奥にあったとき、細胞が困るかも……。ぜーんぶほどかないとダメでしょ」
K「確かにそうだよね。この『生物』の教科書に載っているクロマチン線維のモデルは1976年にアーロン・クルーグっていう偉い先生が提唱したんだけど、それ以降、教科書の定番になってきた。でも最近、ヌクレオソームってこんなに規則正しくなくて、案外いい加減に折りたたまれていることがわかってきたんだ（図2右）」
S「どうやって、そんなことがわかったの？」
K「クライオ電子顕微鏡っていう方法を使った。これは、瞬間的に細胞を凍ら

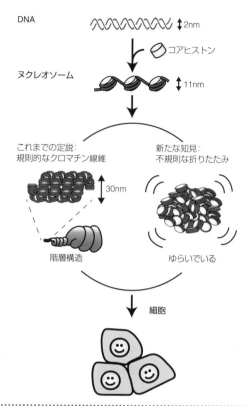

図2／DNA（1段目）は糸巻きであるヒストンに巻かれて、直径約11nmのヌクレオソーム（2段目）をつくる。このヌクレオソームは規則正しく折りたたまれて、30nmクロマチン線維（3段目左上）を形成すると、長い間考えられていた。さらに、このクロマチン線維が、らせん状に巻かれて100nm線維、200〜250nm、さらには500〜750nmのように、規則正しいらせん状の階層構造（積み木構造）を形成すると提唱されてきた（3段目左下）。しかし最近、ヌクレオソームが不規則に（かなりいい加減な状態で）細胞内に収められていることがわかってきた（3段目右）。

せて、薄くスライスし、生きた状態に近い細胞を観察できる電子顕微鏡。そしたら、クロマチン線維や階層構造を観察できなかったんだ」
S「でも、薄くスライスすると階層構造の全体を見ることはできないかもよ」
K「確かに電子顕微鏡で使われる電子線は細胞を薄くスライスしないと通過できない。だから、X線散乱っていう方法も使って確かめた。この方法はもっと

分厚いものでも OK で、いろんな構造の規則性を調べることができる。タンパク質が集まった構造に X 線を当てると、その構造の規則性に応じた散乱パターンが得られるんだ。兵庫県・播磨の SPring-8 っていう施設で、強力な X 線である放射光を細胞の核や染色体に当てて散乱パターンを調べた。でも、クロマチン線維や階層構造が存在するっていう証拠は見つからなかった。そのかわり、ヌクレオソームが不規則に折りたたまれた大きな構造（塊）が観察されたんだ（図2右）」

S「へえ。ヌクレオソームって案外、細胞の中にいい加減に折りたたまれているんだね。じゃ、なんでクルーグ先生は規則正しいクロマチン線維のモデルを提唱したの？」

K「実は……規則的なクロマチン線維は、試験管の中で、ある特別な条件下（低い塩濃度）でつくられるもので、その写真が長年にわたって教科書に掲載されてきたんだ。もう少し塩を加えると、ヌクレオソームが不規則に折りたたまれた大きな構造をつくるようになる。ヌクレオソームは染色体のような大きな構造をつくるため、不規則に折りたたまれる性質をもともともっていたんだ」

S「へえ、わかった。でも……あんまりいい加減に折りたたまれたら、ながい DNA が細胞の中でからまっちゃうじゃない？　そしたら、細胞困るじゃん」

K「だいじょうぶ。細胞の中にはトポイソメラーゼ II っていうタンパク質がいっぱいあって、からまった DNA をほどいてくれるから」

S「すごい。トポイソメラーゼ II ってタンパク質は重要だね」

K「そうそう。トポイソメラーゼ II はよく分裂する細胞ではとくに重要だから、がん細胞にもいっぱいある。だからトポイソメラーゼ II の機能を阻害する薬が、抗がん剤としてよく使われているんだ」

S「いい加減に折りたたまれていると、階層構造より DNA をほどいたり、塊をつくったりするのは簡単そうだね。ほかにもいいことあるのかなあ？」

K「そうだねえ。規則正しい階層構造をつくっていると、いざ、情報を探して使おうとすると、多くの部分が隠されていることがわかる。一方、ある程度のいい加減さをもって不規則に収納されていると、個々のヌクレオソームがより動けるし、情報の検索にとっては便利なことが多いんじゃないかな。柔軟でダイナミックって感じ」

S「すごいね」

K「で、最近、生きた細胞でヌクレオソームがゆらゆら動く様子を実際に観察できるようになったんだ」

S「どうやって？」

K「ヌクレオソームは1つの細胞の中に3000万個以上もある。これを全部同時に見るのは不可能だから、ヌクレオソームにとびとびに『蛍光を発するタンパク質（蛍光タンパク質）』を付けた。3000万個の中の約10万個だけを見ることにしたんだ。そして、特別な蛍光顕微鏡を使うと、生きた細胞の中で、1個1個のヌクレオソームの動きを観察することができた（図3左）。この顕微鏡を使うと暗ーいステージの上のスポットライト照明みたいに、細胞の中の限られた部分だけを照らすことができるんだ。写真の白い点々が1個1個のヌクレオソームを示している。そして1個1個のヌクレオソームの動きを調べると、ヌクレオソームが、30ミリ秒っていうとても短い時間に50〜60ナノメートル（nm）も動いた。これはヌクレオソーム約5個分。ヌクレオソームが実際にゆらいでいることがわかったわけ（図3右）」

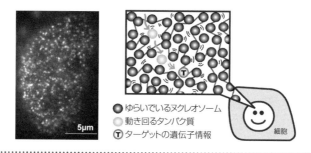

図3／左：細胞の中のヌクレオソームのヒストンH4をPA-GFPという蛍光タンパク質で印を付けた。その細胞を斜光照明という特別な蛍光顕微鏡で観察した。1個1個の白い輝点が1個1個のヌクレオソームを示している。右：ヌクレオソーム（濃いボール）が細胞の中に不規則に収納されている。ヌクレオソームの揺らぎ（小刻みな動き）のおかげで、ヌクレオソームの自由度は増し、タンパク質（薄いボール）はより自由に動ける。この結果、ターゲット遺伝子に素早く到着でき、情報の検索も促進される。

S「やっぱり、ゆらゆら動いていたんだね。でもどうやって動いているの？」

K「詳しくはまだわからない。でもおそらく『ブラウン運動』っていう、多数

の水分子がヌクレオソームに衝突することによって起こるゆらゆらとした動きだと思う」

S「じゃ、ATPとかエネルギーを使っているわけではないわけ？　省エネだね」

K「基本的にはそう。そこが細胞のすごいところだと思う。あと、コンピュータ・シミュレーションを使うと、もっと面白いことがわかった。ヌクレオソームがゆらぐだけで、遺伝子のスイッチに関わるような大きなタンパク質がそのヌクレオソームの中を自由に動けることがわかった（図3右の薄い色のボール）。このことは、満員電車のなかで1人ひとりが少しずつ動けば、奥にいる乗客も電車を降りられるのに似ているよね。逆に、ヌクレオソームの数を減らして、スカスカにしても、ゆらいでいる方がタンパク質はより動きやすくなることがわかった」

S「これって、ゆらゆら動き回っているタンパク質が目的地の遺伝子にたどり着きやすくなるっていうこと（図3右）？　しかも省エネで。情報を探しやすいっていうことでしょ！」

K「そういうこと。規則正しい階層構造をつくっていると、多くの遺伝子とその情報が隠されてしまうよね。いざ情報を探そうとする時、これでは困る。一方、ある程度のいい加減さをもって不規則に収納されていると、ヌクレオソームの自由度が増すというわけ。情報が探しやすくなる」

S「最近、生きている細胞の中で、個々のヌクレオソームのゆらぎを実際に見ることができるようになって、そのことがわかったんだね。そして、ヌクレオソームのゆらぎがあると、その中をタンパク質が動き回るのを助けてくれる」

K「そして、このゆらぎがあることで、DNAのいろんな部分がある頻度で外に出るようになる。つまり隠されない。ゆらぎは情報を探すのに大きく貢献しているんだ。細胞の核の中には、遺伝子がたくさんあって、よく情報が読み出されている『ユークロマチン』と、あまり遺伝子がない『ヘテロクロマチン』っていう部分があることが知られている。ヘテロクロマチンは細胞核の膜付近にあるんだけど、そこの部分のヌクレオソームの動きが抑えられていることもわかってきた。情報があまりないところでは、ヌクレオソームの動きを抑えて、ブロック（不活化）しているのかもしれない。ヌクレオソームの動きによって情報のアクセスの制御をしているみたいだ」

S「必要な情報が細胞の中でどのように探され、読み出されるのかについてのメカニズム。これって省エネだし。すごいことじゃない？」

K「そう。将来、まったく新しいメモリ装置や情報検索システムの開発につながるかもしれない。世界が変わるかも。細胞の中のDNA、まだまだ面白いんだよ」

[第9章]

少数が形づくる
核内染色体の構造・動態・機能相関

粟津曉紀
広島大学大学院理学研究科
数理分子生命理学専攻

　細胞や細胞内器官のような「分子の少数性」が顔を出すミクロスケールの世界では、分子の形や容器（境界）の影響が生命活動の中でさまざまな場面で顔を出します。本章ではその例として、近年、核内染色体動態に対する数理モデルを用いた研究より見えてきた事柄を、プリンさんとピリミさんの会話を通じて紹介します。

核内染色体構造形成のシナリオ

プリン「それにしても地球上には本当にいろいろな生物がいるよねえ。形や生活様式なんか、ほんと全然違うよねえ」

ピリミ「どうしたのですか、唐突に。まあ、確かにそうですね。でもどの生物も細胞でできていることは共通ですね。そして大部分の細胞が、タンパク質やそれをつくるためのRNAの設計図の役割を担う遺伝子を内包した、DNAを保持していることも共通していますね」

プリン「DNAというのはアデニン、グアニン、チミン、シトシンの4種類の核酸がつながった紐状の分子（高分子）だよね」

ピリミ「そうです。そしてこの4種類のつながる並び順をDNAの塩基配列と言います。異なる生物間ではこの塩基配列が異なっていて、その結果異なる生物間ではつくられるタンパク質の種類や量が変わってくるので、生物間にさまざまな違いが現れます。生物には大腸菌や酵母のような単細胞生物と、ヒトの

ような多細胞生物がいます。多細胞生物の細胞は、それ1つだけでは生き続けることはできませんが、細胞がそれぞれ専門的な役割をもって細胞同士が協力することにより、単細胞生物より複雑な情報処理が可能な（知的でさまざまな環境に適応できる活動的な）個体を形成することができています」

プリン「ところでDNAは、細胞が分裂するときに同じものが複製されて、分裂した後の細胞は同じDNAをもつのだよね。ということは、多細胞生物の各個体は元々受精卵という1つの細胞が分裂して発生していくから、多細胞生物の各細胞はほぼすべて同じDNAをもっているよね。では何でヒトの体を形づくっている細胞にはいろいろな形、種類のものがあるのかなあ」

ピリミ「それは同じDNA、同じ遺伝子をもっていても、実際に使っている遺伝子、つまり、つくって使用しているタンパク質の種類や量が、細胞毎に違っているからです。各細胞はそれぞれの役割を果たすために必要な、最適な組み合わせの遺伝子のセットを利用しているのです」

プリン「へえ、でもどうやって適切な遺伝子のセットだけを利用しているの？」

ピリミ「例えばヒトの生活においてもそうですが、頻繁に必要になるものは使いやすい所においておき、使わない物は棚などにしまっておくと、効率よく必要なことが進められます。それと同じように細胞も、不必要な遺伝子は隠してしまうことで、必要な遺伝子だけが利用できるようになっていると考えられています」

プリン「どうやって？」

ピリミ「ここでいったん、多細胞生物のDNAがどのような性質をもっているのか見てみます。例えばヒトの場合、細胞が球状であると近似した時の直径はおよそ数十μm（μm；1000分の1mm）で、その中の直径およそ10μmの核の中にDNAが納められています。このDNA、太さはおよそ2nm（nm；100万分の1mm）と非常に細いのですが、ヒト細胞は大抵46本のDNAをもっていて、これすべての長さを合わせるとおよそ2mにもなります。核という「容器」に比べるとずいぶん大きい（長い）物が入っています」

プリン「からまりそうだねえ？」

ピリミ「そうですね。でも核内では、ヒストンやその他様々なタンパク質がDNAに結合し、からまないように適切に折り畳まれた『染色体』として収納

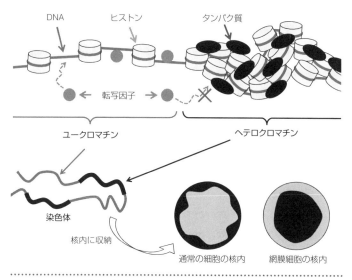

図1／クロマチン構造と核内の染色体分布の様子。

されています（図1）。ここでDNAとタンパク質からなる染色体の局所的な構造は『クロマチン構造』と呼ばれ、さまざまな形態を取ることが知られています。そしてとくに要らない遺伝子がある領域は、さまざまなタンパク質が結合して、『ヘテロクロマチン』と呼ばれるギュウギュウに凝縮されたクロマチンにされてしまいます。そうすることで、遺伝子を読むためのタンパク質（転写因子やRNAポリメラーゼ）がその場所に来にくくなり、また、たとえ来たとしても2重らせんを解いて読むことができにくくなります。逆に必要な遺伝子があるDNA領域では、遺伝子を読もうとするタンパク質が簡単にアクセスしやすくなるように、緩んだ紐状の『ユークロマチン』と呼ばれるクロマチン構造を取っています」

プリン「なるほど、核内のDNAが適切にヘテロクロマチン、ユークロマチンという構造をつくることで、適切に必要な遺伝子だけを利用することができるようになっているのだね」

ピリミ「もちろん、これだけではありませんが、このようなクロマチン構造は遺伝子制御の仕組みの重要な一端を担っていると考えられます。またこれまで

多くの細胞で、ヘテロクロマチンは核膜の近く、つまり核の外側に多く存在する傾向があり、その結果としてユークロマチンは核の内側に多く存在することが観察されています（図1）。これは核膜に結合しその形を整える Lamin と呼ばれるタンパク質にヘテロクロマチンをつなぎ止める、Lbr と呼ばれるタンパク質などのはたらきによって起こります」

プリン「どうしてそのようなタンパク質を利用して、そんな核内構造を取るようになったのかなあ？」

ピリミ「これはあくまで憶測ですが、ユークロマチン同士が近くに集まっているということは、読むべき遺伝子が集まっているということでして、その方が遺伝子を読むタンパク質の立場からすると、多くの遺伝子により効率よくアクセスできるからなのでは、と考えられます」

プリン「確かにヒトが何か作業するときも、使わない物は端に寄せておいて、使う物を近くに集めておいた方が、作業の効率はよさそうだね」

ピリミ「ところで、例外的に Lamin や Lbr などのタンパク質が存在しない細胞もいます。その典型は夜行性マウス網膜の桿体細胞などです。その他いくつかの種類の動物の細胞で見つかっています。そのような細胞ではよく見られる多くの細胞とは逆に、ユークロマチン領域が核膜の近傍に、ヘテロクロマチン領域が核の中央に分布するようになります（図1）[1)2)]」

プリン「さっきの話だと、それでは遺伝子を読む効率が悪そうだねえ……」

ピリミ「先の考えに従うと、確かに悪くなりそうですね。でも桿体細胞などにとっては、タンパク質をつくる効率を上げることより優先するべきことがある可能性があります。夜行性動物の桿体細胞では、外から来る弱い光を効率よく取り入れる必要があります。そして実際に細胞内を進む光の方向を計算すると、ヘテロクロマチン領域が核の中央に分布する方が、光を効率よく取り入れやすくなる可能性が示唆されています[1)]」

プリン「なるほど、よくできているねえ。ところで、Lamin や Lbr などのタンパク質があるときにヘテロクロマチンが核膜近くに分布するのはわかるけど、それらがなくなるとどうして核の中央付近にヘテロクロマチンが集まるのだろう？　何もなければヘテロクロマチンもユークロマチンもブラウン運動したあげく、結局核内で一様に分布しそうな気がするけど……」

ピリミ「確かにそうですね。では、どのようにしてヘテロクロマチンが核の中央に集まるのでしょう？ これについてはまだ明確なことはわかっていませんが、数理モデルを用いた理論的考察からひとつシナリオが提案されています。そのシナリオで鍵となるのが、『核の形は時々刻々変化する』ということです」
プリン「核の形が変わるの？ 教科書等の細胞のイラストを見ると、核は硬い球というイメージがあるけど……」
ピリミ「もちろん細胞の種類にもよりますが、核は結合している微小管等の細胞骨格やそこに結合しているタンパク質等の影響を受け、絶えず形を変えていることが、マウス ES 細胞や線維芽細胞でも観測されています[3]。そしてとくに核膜の形を整える Lamin が存在しないマウス桿体細胞などでは、より大きな変形が見られています[4]」
プリン「へえ、そうなのか。でも、この核が変形することとヘテロクロマチンが中央に集まることは、どのような関係があるの？」
ピリミ「ヘテロクロマチン領域は、ユークロマチン領域と異なり、DNA がさまざまなタンパク質と結合し密に凝縮した構造をしていますので、その領域が核内を動くときは、ユークロマチン領域が動くときと比べて周りの溶液から大きな抵抗を受け、結果的に動きにくくなっていると考えられます。そのことと核の変形を考慮すると、ヘテロクロマチン領域が核の内側に凝集していく可能性が示唆されます」
プリン「うーん、どうして？」
ピリミ「核の変形は、局所的な染色体から見れば核膜の位置の変化としてとらえられます。そこで局所的に核膜が核の中心から遠ざかると、クロマチンがブラウン運動によってそこにできた空隙を埋めるように移動していきます。このとき、ヘテロクロマチン領域の方がユークロマチン領域より周りの溶媒から強い抵抗を受けるため、平均的に動きが遅く、その結果、核膜の移動によって生じた空隙の多くはユークロマチン領域によって占められることになります。逆に核膜が局所的に核の中心に近づいていく場合、染色体はその構造をほぼ保持したまま、核中央に向け核膜に押されることになります。このようなことから、核が変形する、つまり核膜が局所的に移動を繰り返すことによって、ユークロマチン領域が核の外側、核膜近傍に移動し、その結果としてヘテロクロマチン

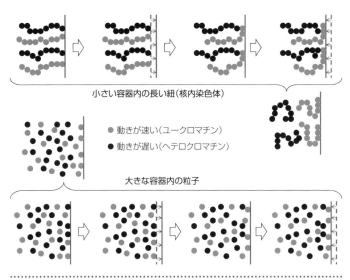

図2／容器の動きにともなうヘテロクロマチン、ユークロマチンの動きと、内容物の形状の違いによる運動の違い。

領域が核の中央付近に集積することになります（図2）」

プリン「なるほど。でもそうすると、このようなクロマチン分布形成には、核のサイズと染色体、クロマチンの長さの関係が重要になりそうだね」

ピリミ「そのとおりです。核の中は、一本一本が非常に長い染色体が核という小さな容器に収まっているという状況になっています。そこでそれとは違う状況、例えば核の中に占める体積の割合は同じだけれども、紐状の染色体のかわりに動きやすさの異なる粒子状の分子が入っている場合、もしくは、一本一本の染色体の長さが核のサイズに比べて非常に短く、核からは粒子状に近似して見える、といった場合を考えてみます。この場合、局所的な核膜の移動にともなって、先ほどと同じように、動きの速い粒子（もしくはユークロマチンを多く含む染色体）が核膜付近に多く存在することになります。しかし核膜からやや離れた場所にいる粒子には、この核膜の運動の影響が及ばず、動きの異なる粒子同士が一様に存在しつづけ、動きの遅い粒子（もしくはヘテロクロマチンを多く含む染色体）が核の中心付近に集積するということは起こりません（図2）」

プリン「うん。確かにそんな気がする」

ピリミ「逆に、核内の染色体は核のスケールに比べて長く、核膜近くから核中央付近までつながっています。したがって、核膜近くでのユークロマチンとヘテロクロマチンの動きの違いによる相対的な位置関係の変化の影響が、核中央付近まで伝わります。その結果、核内全体でユークロマチン領域が核の外側に移動する傾向が現れ、結果的にヘテロクロマチンが核中央付近に集積することになります。実はこのような様子は、ヘテロクロマチンおよびユークロマチン領域を先に述べたような性質の違いをもつ高分子領域として表現した染色体の数理モデルによって、実際に観察されています[5]」

プリン「なるほど、つまり核が変形するということと染色体が核に比べて長いということが、このような核内構造を形成しているのだね」

ピリミ「また先にも述べましたが、ヘテロクロマチン領域が核中央付近に集積していると、必要な遺伝子を効率的に読むには不向きであると考えられます。しかし上記の考察から、染色体は放っておくとヘテロクロマチンが中央付近に集積してしまうことが推測されます。そこで現在の多くの細胞では、Laminなどのタンパク質を進化的に生み出すことで、ヘテロクロマチンを核の外側に集積させ、効率的に遺伝子の転写がなされるようになったのでは、という可能性も示唆されます」

分子の少数性が顔を出す世界

ピリミ「ところで『分子の少数性』の効果が顕著になるミクロなシステムでは、〈『容器』にとって『内容物』が非常に大きく感じられ、内容物の形や長さ、動きやすさといった『個性』と容器の動きなどの『個性』によって、その全体の性質が支配される〉という特徴をもちます。核内の染色体構造もそのような特徴によって形成されているといえそうですね」

プリン「え？ どうしたの、唐突に。少数性？」

ピリミ「例えば、われわれが普段手にする瓶の中の水は、〜 10^{23} 個の水分子の集合体です。この水全体の見た目や物性（粘り気や温まりやすさ）は、瓶の形や大きさが多少変わっても、ゆっくり揺さぶられても、変わることはないですよね」

プリン「それはそうだねえ」

ピリミ「これは、このような瓶の中の液体では、瓶の壁や底という『境界』と接している分子の数が、接していない分子の数に比べ圧倒的に少なくなるので、液体全体の性質が液体を構成する分子間の相互作用によって決まり、瓶の形状などの影響は無視できるほど小さくなるからです（もちろん瓶を激しく振ると、泡が発生したりして、性質が変化することもありますが）。ところで容器として細胞核、内容物として染色体が入っている場合を考えます。染色体の数はヒトでせいぜい 46 本ですね。そしてその分、容器（核）の立場から見ると内容物（染色体）が非常に大きく近く感じられます。つまり容器と内容物との相互作用が内容物同士の相互作用と同程度に起こるようになります。その結果、容器の形や内容物の個々の形、長さ、動きやすさの違い、などといった『個性』が、システム全体の性質を大きく左右しそうですね」

プリン「そういえば、さっきのヘテロクロマチン配置の話は、動きやすさが違うやら核の形が変わるやら、といった『個性』が大事だったね。そうかあ、そういう『個性』というのは『小さい世界』だからこそ幅をきかすのか」

ピリミ「そうですね。『個性』が幅をきかしシステム全体の運命を決めてしまう。これが『分子の少数性』が顔を出す、ミクロな世界の特徴ですね」

核内染色体の相同性認識

プリン「分子の少数性が幅をきかすような状況では、分子の『形の違い』もシステムに大きな影響を及ぼしそうだねえ。核内の染色体ではどのようなことが起こると考えられるのかなあ？」

ピリミ「いろいろあると思いますが、ここではとくに減数分裂期に起こる相同染色体による『対合形成』において、染色体の形の個性が、相同染色体同士の探索・認識を可能にするというシナリオについて紹介します」

プリン「対合形成？」

ピリミ「多細胞生物の一般的な細胞では、核内に父親由来および母親由来の配列が（ほぼ）同じ染色体をもっています（それに加えて性染色体をもっています）。そのような染色体は相同染色体と呼ばれています。例えばヒトでは 22 組の相

同染色体の組が核内に存在します。そして生殖細胞を形成する細胞は減数分裂期に核内で相同染色体同士が隣り合って並んで結合した『対合』を形成します。この対合形成後に『相同組み換え』という過程を経て、父親由来の染色体と母親由来の染色体の一部を交換します。相同染色体とはいえ、父親由来の染色体と母親由来の染色体の配列は完全に同じというわけではないので、このように配列を混合することで、結果的に遺伝的多様性が増しています」

プリン「うーん。夫婦・親子でいろんなことが起きているのだねえ」

ピリミ「実はこのような対合形成→相同組み換えの過程は、単細胞真核生物である酵母などでも起こります。酵母などでは2つの細胞が接合し、核を融合させることで核内に相同染色体の組が形成され、対合および相同組み換えが行われます（図3）」

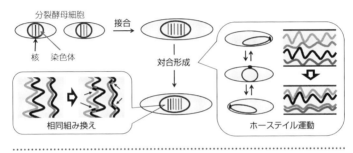

図3／分裂酵母の接合、核のホーステイル運動、対合形成、相同組み換えの流れ。

プリン「ところで、さりげなく『相同染色体同士が隣り合って並ぶ』って言っているけど、核内には配列が異なる複数種類の染色体がいるのだよねえ。その染色体だって確かに複雑な構造物だけど、所詮はただの分子の集合体だよねえ。そのようなものが、そもそもどのようにして自他の相同性を認識し、自分と相同な染色体を探索できるのかなあ？」

ピリミ「実はこれについては十分にはわかっていません。しかし、これまでにいくつかの生物種で、対合形成時に、核自身が長い時間、非常に大きな変形もしくは激しい並進・回転運動をしていることが知られています[6]。その中でも最も有名なものとして、分裂酵母の対合形成時の『ホーステイル運動』と呼ばれる、核が楕円体状に長細く引き延ばされ、細胞の端から端までまるで馬のし

[第9章] 少数が形づくる 077

っぽが揺れているように動き回る現象が知られています（図3）。このような運動時には当然各染色体も長く伸ばされた紐状の形状を取ると考えられます」

プリン「それが染色体の相同性の認識に役立つの？」

ピリミ「例えばこんなメカニズムが提案されています。まず相同染色体同士は局所的な形状も非常によく似たものになると考えられることに注目します。染色体の構造は、まずDNAの配列に依存してヌクレオソームが分布し（参考文献7など）、ヌクレオソームの形成されていないDNA領域やヌクレオソームに種々の低分子やタンパク質が結合することで形づくられます。ですので、できた染色体構造はDNAの配列にとても影響され、当然配列が異なれば構造も異なり、逆に配列が似かよっている相同染色体同士は、ほぼ同じ形状を取ると考えられます。そしてそのようにできあがった、局所的に複雑な構造をもった紐状の染色体が、長細く引き延ばされた核内に閉じ込められます。ここで核膜は絶えず動いており、染色体は絶えず核膜からの圧力を受けるため、コンパクトにまとまった状態が最も安定な状態となります。では最もコンパクトにまとまった状態になるのは、どのような場合でしょうか？」

プリン「紐状に伸ばされている物体同士なら、同じ形をしているもの同士が隣り合うと、少し重なり合ったりしてコンパクトになれそうな気がするなあ（図3）」

ピリミ「そうですね。逆に形状が異なれば重なってコンパクトになることは不可能ですね。このことから、同じ形状をした紐状物体同士、つまり相同染色体同士が隣り合うように核内に分布した状態が、最も染色体がコンパクトに収まった状態となり、最も安定になると考えられます。この事実は、形状の異なる紐状分子を狭い筒状の空間に閉じ込めた数理モデルシミュレーションによっても確認されています[8]」

プリン「なるほど。つまり染色体が如何に相同な染色体を探索し認識できるのかということに、分子の形状の違い（個性）、という分子の少数性が幅をきかすような状況で顔を出す特徴が、重要な役割を果たしている可能性があるのだね」

源泉を求めて

プリン「ところで、これまで核内の染色体の挙動について、『効率的に〜する』とか『探索』『認識』といった、元々人間の社会やコミュニケーションで使われる言葉で話してきたけど、でもここで考えてきた対象はあくまで『ただの高分子たち』だよねえ」

ピリミ「そうですね。でも、そのような『ただの分子たちの集団』の擬人化したくなるような挙動が生命活動の源泉ですね。では、その源泉は物理化学過程からどのように湧き出てくるのでしょう？ そのような問いに対して、少数性生物学という視点から現れる概念や見つけられる様相は、将来の発想の源泉になると期待できそうですね」

プリン「少数性かあ。少ないことの重要性かあ。でも美味しいプリンはたくさんある方が嬉しいかなあ」

ピリミ「ピリッとした辛味はいろんなスパイスが少量ずつ入っていると、深みと複雑さが増してきっと美味しいですよ！」

参考文献

1. Solovei I et al（2009）. Nuclear architecture of rod photoreceptor cells adapts to vision in mammalian evolution. *Cell* 137: 356-368.
2. Solovei I et al（2013）. LBR and lamin A/C sequentially tether peripheral heterochromatin and inversely regulate differentiation. *Cell* 152: 584-598.
3. Talwar S et al（2013）. Correlated spatio-temporal fluctuations in chromatin compaction states characterize stem cells. *Biophys J* 104: 553-564.
4. Nickerson PE et al（2013）. Live imaging and analysis of postnatal mouse retinal development. *BMC Dev Biol* 13: 24.
5. Awazu A（2015）. Nuclear dynamical deformation induced hetero- and euchromatin positioning. *Phys Rev E* 92: 032709.
6. Koszul R et al（2009）. Dynamic chromosome movements during meiosis: a way to eliminate unwanted connections? *Trends Cell Biol* 19: 716-724.
7. Awazu A（2017）. Prediction of nucleosome positioning by the incorporation of frequencies and distributions of three different nucleotide segment lengths into a general pseudo k-tuple nucleotide composition. *Bioinformatics* 33: 42-48.

8. Takamiya K et al (2016). Excluded volume effect enhances the homology pairing of model chromosomes. *NOLTA, IEICE* 7: 66-75.

[第10章]

少数を分ける
細胞膜中の分子の離散性と分配

鈴木宏明
中央大学理工学部精密機械工学科

　細胞の大きさは、細菌などの原核生物で1ミクロン（μm；1000分の1ミリメートル）程度、植物や動物などの真核生物では10ミクロン程度です。その小さな入れ物の中に、DNAやいろいろなタンパク質がぎっしりと詰まっています。数としてたくさん入っている分子種もありますが、とくにゲノム（その細胞がもつ遺伝子全体）は1つ（1組）または2つ（2組）に維持されています。細胞がもつ、こういった根本的な特徴や性質は、どのように獲得されてきたのでしょうか。現代の細胞は、進化の末に複雑化してきましたが、地球上で最初に生まれた細胞はどのようなものだったでしょうか。実験室で単純な細胞のようなもの（人工細胞、細胞モデル）を物質からつくる研究により、このような謎を解くヒントがみえてきています。では、原核細胞である大腸菌（E. coli; E）と、真核細胞であるヒト細胞（Human cell; H）、そして試験管でつくられた人工細胞（Artificial cell; A）の会話を聞いてみましょう。

細胞の物理的な特徴

E「皆さんこんにちは。僕は大腸菌です。一般の人にはバイ菌や病原菌と思われて、嫌われることが多いけど、普通は無害だし、結構皆さんの役に立っているんですよ！」

H「こんにちは。私はヒトの細胞です。皆さんの身体の一部で、部位によって形やはたらきが全然違いますが、ゲノムにもっている情報はみんな同じなんで

すよ」

E「やあ、ヒト細胞さん、あなたは僕よりずっと大きいね。いろいろな小器官もあってうらやましいよ。僕なんか、細胞膜の袋にDNAやタンパク質が雑多に詰まっているだけなんだから」

H「まあまあ、あなただって細胞壁やべん毛ももってるし、結構いろいろあるわよ。それに、細胞の基本的な仕組みの多くは、あなたたちのおかげで明らかになったわけじゃないの」

E「細胞の仕組みといえば、人間がつくった『細胞の分子生物学』[1)]という本を読むと、いろんな物質や遺伝子、仕組みがこと細かに書いてあるね」

H「そうそう、私たちがあんなに詳しく調べられているなんて驚きね」

E「でも、僕はもっと素朴な疑問をもっているんだ。例えば、大昔に僕たち細胞の先祖が誕生したばかりのときは、どうだったか考えたことある？　僕でも一応4000くらいの遺伝子をもっているけど、こんなのがいきなりできたわけないよね」

H「そうね、最初の最初は、もっと単純な分子の集合体だったはずよね」

E「そうなんだ。地球に有機物ができて、つながって高分子をつくり、さらにそれらが複製できる仕組みができた。そのときに、高分子が膜でできた小さな入れ物の中に入っていることが大事だったと考えられている[2)]」

H「入れ物がなければ、複製された高分子が液中で散らばってしまうからね。狭い中に入っていれば、増えた分子の濃度は高くキープされるので、高分子合成などの化学反応も効率的に進むはずね」

E「だけどさ、僕たち細胞は、そんな高分子の合成や複製反応を細胞膜に含んだまま、自分自身をまるごと複製して増えていくよね。最初の頃って、それがどうやってできたんだろう」

H「そうね。私なんかは、細胞分裂が緻密に制御されているわ。複製された染色体は微小管に引っ張られて細胞の両側にきっちりと配置され、最後に分割面で分かれるの。普段は意識していないけど、われながらすごいことをやっていると思うわ」

E「僕らみたいなバクテリアはたいした制御機構はないけど、でもちゃんと自分のまるごとコピーができているんだ。僕も無意識だけど……」

人工細胞（細胞モデル）

A「やあ、議論が煮詰まっているみたいだね。僕は、部品としての分子を組み合わせてつくられた人工細胞なんだ。最近、いまの話に関連した研究がされているよ」

E「へえ、君はずいぶんシンプルだね。まん丸でツルツルの膜の中にDNAやタンパク質が入っているみたいだけど、濃度も薄いし、ほとんど透明じゃないか。君は細胞なのかい？（図1）」

図1／左から、大腸菌、ヒト細胞（真核細胞）、人工細胞。

A「そういわれると苦しいけど、細胞のモデルだね。例えば、車や飛行機を実際につくる前に、模型をつくって空力特性を調べたりするだろ？　同じように、細胞の特徴や機能を部分的に再現したモデルをつくって調べる研究がされているんだ。ここでは、細胞の定義なんてややこしいことはいいっこなしで頼むよ」

H「それで、その研究って？」

A「イギリスの研究グループが、枯草菌や大腸菌などのバクテリアを、細胞壁が合成できない状況で培養した[3]。すると、決まった太さや長さが失われていろいろな形になってしまうんだけど、それでもなんだか増殖することがわかったんだ。つまり、決まった形や高度な分裂システムがなくても、細胞は成長して分裂し、自分の子孫をつくれるってこと」

E「ええっ、細胞壁がなくなってぶにょぶにょになってしまうのかい？　嫌だな……」

H「そうなの、意外ね！ 必要な分子を合成する代謝系がそのままはたらけば成長して大きくなれるのはわかるけど、どうやって分裂するのかしら」
A「研究グループは、その理由として、人工細胞を使った研究結果を引用してこう言っている[3]。『小胞（脂質膜の袋）の体積に対する表面積の比が増加すると、分裂が起こるような形状変化が引き起こされる。（中略）形の変形や分裂は、（小胞の）内部にナノ粒子や高分子が入っていると、さらに促進される。このことは、細胞の構成要素、特に核様体が分裂を促進していることを示唆している』」
E「うーん、よくわからないなあ。もっと詳しく説明してよ」
A「そのためには、だいぶ離れているように聞こえるけど、浸透圧の説明から始めよう」

浸透圧が生じる仕組み

H「浸透圧って、理科の教科書に書いてあるアレね。容器を半透膜で仕切って、片側に溶媒（例えば水）、反対側に溶液（例えば砂糖水）を入れると、溶液側の水面が上昇する現象だわ（図2A）。半透膜は、溶媒だけが通過できるセルロース膜なんかを使うわ。溶液側の液面が上がった分の静水圧が増えているので、これを浸透圧っていうわね」
E「浸透圧なら僕はいつも経験しているよ。僕の身体の中にはイオンや高分子がぎっしり詰まっているけど、外はたいてい濃度が薄い水なので、僕の身体はいつも膨張しようとしている。細胞壁のおかげで破裂しなくて済んでいるよ」
H「植物細胞さんも、真水に浸かるとシャッキリするって言ってたわ。でも、それがいまの話とどんな関係があるのかしら」
A「現象はそうなんだけど、それがなぜ起こるのか、説明できるかい？」
H「物理の教科書には、気体の圧力が生じる仕組みが書いてあったわね。容器の中で飛び回っている気体の分子がすごい頻度で壁にぶつかって運動量を交換するので、その総和が圧力になるって」
E「でも、浸透圧の場合は、半透膜の両側どちらにも水分子があって、同じように分子が膜にぶつかるじゃないか。片方には砂糖分子が入っているけど、砂糖分子は水分子よりも強く壁にぶつかるとでもいうのかい？ 個々の分子がも

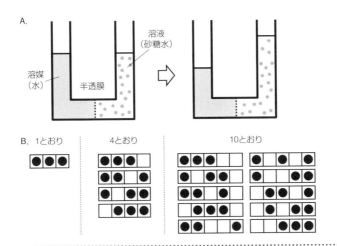

図2／A：半透膜を挟んで溶媒と溶液を入れると、浸透圧が発生して溶液の水位が上昇する。後半の議論に合わせるため、溶媒のみの領域を薄いグレーで示した。B：空間が増えると分子配置の場合の数が急増する。

っている並進の運動エネルギーは、分子の種類にかかわらず、平均的に同じだって書いてあったけどな」

A「そうそう、その調子。表面的にわかったつもりになるだけじゃなくて、深く考えることが大事だよ。この問題では、場合の数を使って、違った考え方をする必要がある」

H「ますますわけがわからなくなってきたわ……」

A「さっきの気体の圧力から入ろう。気体の容器を、分子が1個だけ入るような単位区画に分ける。計算を簡単にするために、たった3つの区画をもつ容器を考えよう。そこに3個の分子を入れる場合の数は何とおりかな？」

H「それは簡単よ。分子の区別がなければ、3区画に3個の分子を入れる方法は1通りしかないわ（図2B）」

A「じゃあ、4または5区画の容器に3個の分子を入れる場合の数は？」

E「容器が4区画なら、空の区画を1つ選べばいいわけだから4とおりだね。容器が5個の場合は、ええと、組合せを使って $_5C_3 = 10$ とおりだ。でも、これと圧力がなぜ関係あるんだい？」

A「区画の数が多い、つまり空間が大きいほど、分子を配置する場合の数がど

んどん大きくなるよね。これらの個々の配置は、等確率で現れる。つまり、体積などのマクロな状態は、それを構成する配置の場合の数が多い方が、出現する確率が高い。気体は、広い空間にいた方が取りうる場合の数が多いので、この傾向が、気体が広がろうとする圧力になるんだ[4]」

H「うーん、だまされたようだわ」

E「じゃあ、さっきの半透膜についても説明してくれよ」

A「もう一度図2Aをみてごらん。水分子の密度は両側で同じだけど、溶質分子は、右側の状態の方が広い空間に配置されているよね。つまり、場合の数が多いので、こっちの方に状態が変化するんだ」

H「ああ、ますますだまされたようだわ」

A「この考え方[5]は、けっこう便利なことが多いんだ。まあ、しばらく悩んでごらんよ」

高分子のカタチ

E「人工細胞くんは、シンプルなつくりなのに、それほどの思考力を備えているとはオドロキだな」

A「演出の都合上もあるけどね（笑）。じゃあ次は、タンパク質やDNAなどの高分子の形状にも浸透圧が関係していることを話そう。まず確認だけど、タンパク質もDNAも、ひも状の分子でできていることは知っているよね？　どちらも柔らかくて長いひもで、長く伸びた状態ではなく、クシャクシャになっているんだ。糸玉と言ったほうがイメージに合うかもしれない」

H「それならもちろん知ってるわ。タンパク質は側鎖が違う20種類のアミノ酸がつながったひもで、アミノ酸同士が引き寄せ合ったり反発したりするので、同じアミノ酸の並びのひもは必ず同じカタチに折りたたまれるのよ」

A「そのとおり。でも、今回はもっと基本的な浸透圧を考えるので、それには触れない。かわりに長いDNA鎖を考えよう。糸玉状といっても、熱運動するのでそれなりの広がりをもってフラフラといろんな形に変化している（図3A左）。ここで、細胞の中のような環境では、周りにタンパク質などの高分子がたくさんある。ここで、溶質としてのタンパク質はそこそこの大きさ（10ナノメート

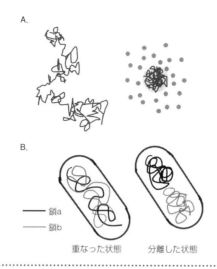

図3／A：希薄溶液中では比較的広がっている高分子鎖（左）は、周囲に比較的大きな溶質が多数あると、浸透圧の効果（排除体積効果）により凝縮する（右）。すなわち、高分子内側の、溶質（周囲の点）が入れない溶媒領域（グレー部分）が減る方向に状態が変化する。B：高分子鎖は、重ならずに分離したほうが、配置の場合の数が多い。

ル〔nm；ナノメートル＝100万分の1ミリメートル〕程度）をもっているので、立体的にDNAの糸玉の中に入れないという状況が起こる。すると、さっきの浸透圧の説明から類推して、何が起こるかな？」

E「そうか、糸玉の中には溶質がなく、糸玉の外には溶質がある。そうすると、糸玉の中の溶媒（水）が抜けて糸玉が縮む？」

A「ご名答」

H「DNA自身が、溶質に対する半透膜になったわけね（図3A右）[6]。浸透圧＝半透膜のイメージしかもっていなかったけど、発想の転換だわ」

A「このDNAの糸玉が小さくなる、つまり圧縮される効果は、分子間引力を何も仮定していないことをもう一度意識してね。つまり、分子配置の『場合の数』だけでDNAの平均的な形が変わるってこと。じゃあ次に、閉空間に長いDNA鎖が2つ押し込められている状況を考えよう。この中では、DNAというひもはからまると思う（図3B）？」

[第10章]少数を分ける

H「直感的には、いかにもからまりそうだけど……。でも、私の核の中にも全長2メートルにもなるDNAが収まっていて、これがからまってしまったら、たぶんうまく機能しないわ。なので、からまらないのね」

A「このことを、場合の数の議論に落とし込んでみよう。DNA鎖の部分部分は同じ空間を占有できない。先に鎖aが存在しているところに鎖bが入り込もうとすると、鎖aがすでに占有している場所には入れないので、そのぶん配置の場合の数が減ってしまうんだ。結局、2本の鎖は空間的に重ならないほうが、その状態を実現する場合の数が多いので、別々でいるってわけ[4]」

E「ということは、僕の身体の中では、場合の数の効果で、複製した2本のゲノムDNAが分裂する娘細胞に分かれるかもしれないってこと？」

A「さらに、君がもっているDNAは全長で約1.6ミリメートル（460万塩基対）だけど、それが直径1ミクロン、長さ数ミクロンの円筒というすごく狭い空間に押し込まれている。そのことで、鎖同士が分離するという効果がより強くなるという話もある[7]」

H「さらに、細胞内には、タンパク質も周りにぎっしり詰まっているわ」

A「その混雑効果もDNAの挙動に関係するはずだよね。まだまだこれからの研究課題だね」

膜の変形

A「続いて、場合の数や浸透圧が、細胞膜の形にも影響するという話をしよう。もちろん、ヒト細胞さんは細胞骨格を、大腸菌君は細胞壁をもっていて、それらが君たちの形をかっちりとつくっているのだけど、もしそういった構造がなくて脂質2重膜による細胞膜だけだったら、どんな形になるだろうって話さ」

H「生物学の教科書で浸透圧が説明されている部分では、通常は中央部分が少しへこんだ円盤形状の赤血球が、外部の浸透圧が上がって中の水が抜けていくと、イガイガの突起が出た構造になる絵が書いてあるわ」

E「細胞膜の袋の中の水が抜けたり、細胞質の容積はそのままでも膜表面積が増えたりすると、柔らかい膜はいろいろな形をとることができるね[8]」

A「最近の人工細胞実験の成果で、膜変形の自由度があって、かつ袋の中に高

分子などが詰まって混雑した状況だと、細胞分裂と同じような中間でくびれた形に変形するということが示されたんだ[9)10)]。つまり、膜と内部の高分子だけで構成されている超シンプルな人工細胞でも、細胞分裂のような膜の変形が起こるってことがわかったんだ」

E「それが、細胞壁がなくなったバクテリアでも分裂できるメカニズムというところにつながるわけだね！」

A「そうそう、この絵を見てほしい（図4）。線が細胞膜で、その中に溶質としてのタンパク質などが詰まっている。ある程度の大きさをもった溶質（の中心）は、その半径よりも近く膜によることができないので、膜近傍に溶質なしの領域ができる。これを排除体積と呼ぶ。浸透圧のアナロジーでいくと、膜の内側の排除体積（グレー）が減少する方向に系が変化する」

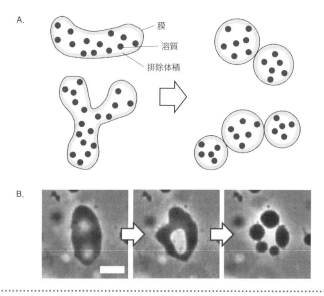

図4／A：排除体積効果による膜の変形。膜内側近傍のグレー部分が排除体積（溶媒のみの領域）。分裂するように変形し、正の曲率が増えることで排除体積が減る。B：人工脂質膜が分裂するように変形する顕微鏡写真。鈴木研究室で撮影。スケールバーは5μm。

H「排除体積が図2Aでいう溶媒のみの部分、タンパク質がある領域が溶液というわけね。溶媒のみの部分から水が抜けようとするとイメージすればいいわ

けね」

A「じゃあ、どうすればそれが達成されるか。短い時間では、膜を隔てた水や物質の出入りが無視できる。変化できるのは膜の形だけだ。すると、膜が内側に曲がって曲率が増えるほど、内側の排除体積が少しだけど減るんだ」

H「いわれてみれば、そんな気がするけど」

A「例えば、薄いプラスチックの板（脂質膜）の片側に、スポンジのシート（排除体積）を張り付けた様子を想像してみて。スポンジを内側にしてプラスチック板を曲げていくと、少しだけどスポンジは圧縮されて体積が縮むんだ。つまり、比較的表面積が大きな脂質2重膜の袋は柔らかいのでいろいろな形をとれるんだけど、中に高分子が詰まっていて排除体積効果がはたらくことで、膜が内側に曲がろうとして、ダンベル形状や数珠形状など、細胞分裂のような変形をするんだ」

E「うーん、なるほど。原始的な細胞がどんな風に分裂できたか不思議に思っていたけど、そういわれると、それほど難しいことではなかったような気がしてくるね」

ゲノム1分子性

H「今回のお題は分子の少数性、1分子性が生命の特徴にどうかかわっているのかってことなのよ。最後に、そちらに話をふってまとめましょうよ」

E「いろいろなところで言われているけど、細胞の中にある設計情報としてのゲノムDNAが1または2コピーであることは、個性や多様性が出るために重要なことなんだよね。コピー数が多いと、ある遺伝子に突然変異が入っても、他の多くの遺伝子コピーで平均化されちゃって、結果としての特徴が出ない。そうすると、みんな平均的な細胞になってしまい、環境が変わったときに対応できないと死滅してしまう。個性や多様性があることは、種が生き残るために大事なんだ」

H「遺伝子が短いばらばらのDNAに乗っていても原理的にはOKだけど、実際にはすべての遺伝子はつながって長いDNA鎖になっているわね。1本につながっていると、1回複製すれば全部のDNAが正確に2コピーできるからで

しょうね。ばらばらだと、コピー数が偏りそう」

A「今日の話の文脈では、僕は、その長くつながったゲノム DNA の物理的な大きさも、複製された DNA が細胞分裂時にうまく分配されるメカニズムに一役買っていると思うんだ。高分子がお互い排除することで場合の数が増え、娘細胞（小胞）にきっちりと分配されるんじゃないかという説は前の方で紹介したよね。さらに、膜の袋内の混雑具合が加わると、DNA 分子同士の排除や形態変化と、膜の変形との間にも相互作用が生じてくることが、人工細胞膜を使った実験で徐々にみえてきつつある。ゲノム DNA は単なる遺伝情報のキャリアではなく、高分子という物質としての巨大さが、細胞の特徴をつくりだしているのではないかという気がしている」

H「1 つの物質が多面的な性質をもっているということは、生物の仕組みの中で、重要なことよね。人間がつくる機械では、1 つの機能を持たせるために 1 つの部品やユニットを設計するみたいだけど。多面性や冗長性というキーワードを、教えてあげたいわね」

E「面白かった。人工細胞君、今日はありがとう」

注・参考文献

1. B. Alberts ほか（中村桂子ら訳）(2010)。細胞の分子生物学　第 5 版。ニュートンプレス。
2. Sadava DE et al (eds) (2013). *Life: The science of biology 10th Ed.* Macmillan.
3. Errington J (2013). L-form bacteria, cell walls and the origins of life. *Open Biology* 3: 120143.
4. Dill K & Bromberg S (2010). *Molecular driving forces: Statistical thermodynamics in biology, chemistry, physics, and nanoscience.* Garland Science.
5. 「エントロピー」の概念は大学の熱力学や統計熱力学の講義で学習する。
6. Vasilevskaya VV et al (1995). Collapse of single DNA molecule in poly(ethylene glycol) solutions. *J Chem Phys* 102: 6595-6602.
7. Jun S et al (2006). Entropy-driven spatial organization of highly confined polymers: Lessons for the bacterial chromosome. *Proc Natl Acad Sci U S A* 103: 12388-12393.
8. Boal D (2011). *Mechanics of the cell 2nd Ed.* Cambridge University Press.
9. Natsume Y et al (2010). Shape deformation of giant vesicles encapsulating charged colloidal particles. *Soft Matter* 6: 5359-5366.
10. Terasawa H et al (2012). Coupling of the fusion and budding of giant phospholipid vesicles containing macromolecules. *Proc Natl Acad Sci U S A* 109: 5942-5947.

[第11章]
少数の機能を知る

茅 元司
東京大学大学院理学系研究科
物理学専攻

　私たちのからだの中では、さまざまなタンパク質が機能しています。その中でも、エネルギー源であるATPなどの化学エネルギーを利用して力やトルクを発生させるタンパク質を分子モーターと呼びます。例えば、ミオシンと呼ばれる分子モーターは力を発生して筋肉、心臓や血管などの収縮運動を起こします。この分子モーターが正常に機能しないと、心臓や筋疾患などを引き起こすことが知られており、私たちの体の機能を正常に維持するために重要であることがわかります。この章では、ウェイトトレーニングが大好きでマイペースな性格の学生、部丘興毅君と司先輩の会話を通して、筋肉の分子モーターであるミオシンが集まるとその集団機能はどのようになるのか、またその機能が生命機能としてどのような意義があるのかについて理解してもらいます。

筋肉はどうやって収縮するのか？

興毅「最近ウェイトトレーニングの回数を週4回にして、だいぶ筋力が上がってきたんですよ。これって、やっぱり筋肉が増えた証拠ですかね、ムフフフ？」
司「それはたぶん2つ理由が考えられるかな。1つは、筋肉の使い方が上手くなった。言い換えれば、そのウェイトを挙げる動作に最適な筋肉を使えるようにコーディネーションが最適化されてきたということ。2つ目は、君が言ったように筋肉が増えたということだね」
興毅「なるほど、自分の筋肉の使い方（コーディネーション）も洗練されるわ

けですね。でも、筋肉も増えているということは、筋肉を構成しているタンパク質が増えたということですか？」

司「そうだね」

興毅「マニアックな質問ですけど、それってどんなタンパク質なんですか？」

司「筋肉を収縮させる源になっているタンパク質は、ミオシンとアクチンというタンパク質なんだよ。聞いたことある？」

興毅「なんか高校の理科で勉強したような気がしますが、まったく憶えていないです。その２つがどうやって収縮するんですか？」

司「ミオシンはゴルフドライバーのような形をしたヘッド２つがくっついたタンパク質で、300分子程度が集まってフィラメントを形成しているんだ。一方、アクチンは球状に近い形をしていて、それらがつながって紐状になり、その紐２本が２重らせん状に捻れた形でフィラメントを形成しているんだ。これらのフィラメントが平行に並び、層状に重なりあって筋肉内にパッキングされているわけ（図１A）。各ミオシン分子はミオシンフィラメント中心側に向いているので、アクチンと相互作用するとアクチンを中心方向に引き込むことで筋肉は収縮して力を出すんだ（図１B）」

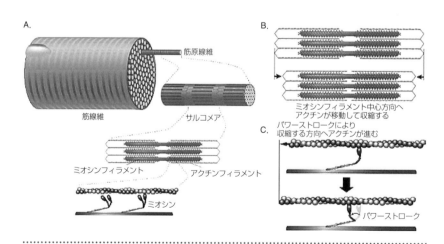

図１／筋肉の構造と収縮の仕組み。A：筋線維からミオシン、アクチン分子レベルに至るまでの筋肉の構造。B：筋収縮はサルコメア内の中心方向へミオシンの相互作用によりアクチンが引き込まれることで起きる。C：ミオシンの構造変化、パワーストロークによりアクチンは移動する。

094

興毅「へ〜、なんだか複雑ですね。それって綱引きみたいな感じですか？」
司「そうそう。そうイメージしてもらえるとわかりやすいね。まさにミオシンが一列に並んで綱をひく人で、アクチンが綱という感じかな」
興毅「なるほど、何となく想像できますね。でもですよ、綱引きではかけ声をかけてみんなでタイミング合わせて力出しますけど、ミオシンはそういうわけじゃないですよね〜。タンパク質ってお互いにコミュニケーションとれるわけないし。そこはどんな感じなんですかね？」
司「その質問きたか。ちょっと難しい会話になるけど、いい？」
興毅「全然 OK ですよ」

効率的な筋肉の収縮を実現する仕組みはあるのか？

司「それじゃ、最先端の筋肉研究の話を教えてやるよ。ついてこれるかな」
興毅「大丈夫ですよ、見くびらないでくださいよ〜」
司「まず基本的にタンパク質が活動する世界を想像できるように説明するな。ミオシンを含め多くのタンパク質のサイズは数〜数十ナノメートルくらいなんだ。ちなみに1ナノメートルは10億分の1メートルだから、どれだけ小さいか想像できるよな。これは水分子と衝突して振動するレベルのサイズだからね。要するに、水分子や他のタンパク質と衝突して常にゆらいでいる世界なんだ。俺らが人混みの中を歩いていても、自分の進む方向に真っすぐ進めるけど、分子の世界では常に分子間衝突が起きてゆらいでいる環境なんだ」
興毅「は〜、何だか想像し難い世界ですけど、僕らが動くように単純には動けない世界なんですね」
司「そう。ミオシンとアクチンはそういう世界で相互作用して力を出しているわけで、機械のように精密な動きをしようとしてもなかなか難しいんだ。だからこれから説明するタンパク質の機能は、『確率的にこうなりやすい』という仕組みのうえに成り立っているのがポイントなんだよね」
興毅「はぁ、そうなんですか〜（謎）。それで、そのミオシンがアクチンと相互作用して力を出すって、どういうことですか？」
司「ちょっと説明しにくいんだけど、ミオシンフィラメントが地面に固定され

ている状態を想像してみて。そこからさっき話したゴルフクラブのドライバーのような形をしたミオシン頭部があちこちから飛び出していて、ドライバー先端部分がアクチンフィラメント上に結合するんだ。そして頭部先端を軸にしてゴルフクラブのシャフトの部分が回転する。これをパワーストロークっていうんだ。ミオシンフィラメントは動かないとすると、このパワーストロークによりアクチンは水平に移動する（図１Ｃ）。回転角度は約 60 〜 70 度くらいで、シャフトの長さが 8 ナノメートルくらいなので、アクチンは 7 ナノメートルくらい進むことが予想できる。でも実際には、分子衝突によりミオシン頭部は大きくゆらぎながらアクチンに結合するので、いつも同じ場所に結合できるわけじゃない。その結果、計算上より大きい、または小さい距離でアクチンが進むこともある。こうやって各ミオシン分子がアクチンに相互作用してアクチンを移動させることで筋収縮がおきるんだ。ちなみに筋肉の中では、アクチン１本には大体ミオシン 70 分子くらいが相互作用できるはずなので、さっきの綱引きモデルでいえば、綱１本に対して人が 70 人いることになる」

興毅「なるほど〜。それで 70 人の綱引きプレーヤーであるミオシンが、実際の綱引きみたいに声を合わせて一緒にアクチンを引っ張ることは無理なわけですよね？　さらに分子間の衝突を考えると、幼稚園児の綱引きよりもメチャクチャになりそうですね。たまに誰も引っ張らなかったりとかもあるんですかね。しかし、よくそれで僕はベンチプレス 100 キロを軽々挙げられるな〜。そんないい加減なミオシン分子がたくさん詰まった筋肉って不思議ですね」

司「さりげなく自慢するやつだな。まあ、いいや。これまでの話から想像できるのは、ミオシン１個１個は無秩序に勝手気ままにアクチンに結合して力を出しているということになる。ところが最近の研究により、どうもそうではないことがわかってきたんだよ」

興毅「え、どういうことですか？　ミオシン同士でコミュニケーションできるってことですか？」

司「それは無理だけど、ミオシン間での力を出すタイミングがシンクロすることが起きるらしいんだよ。しかも、筋肉にかかる負荷が大きいときにこのシンクロ現象が起きやすくなるんだ」

興毅「それってすごいことですよね！　だって、綱引きで相手が強いときに、

ミオシンはより協力しあって力を合わせるってことですよね？」

司「そのとおり、話わかってるじゃない！」

興毅「だから、僕を見くびらないでくださいよって言ったじゃないですか。あ、この曲いい感じ。どうですか？」

司「はぁ？」

興毅「すみません、BGMが良くて……。ついつい関係ないことに興味がいってしまいました」

司「……（本当に自由人だな）。まあ、ともかくだな、ミオシンは綱引き相手が強くなってくると協力しあって力発生のタイミングをシンクロさせるわけだ。さて、おしゃべりできないミオシン分子同士がどうやって協力し合うかだ」

興毅「そうですよね！　まったくわからないです」

司「答えはかなり難しいんだよな～」

興毅「いや、大丈夫です。説明してください。BGM無視しますから」

司「それを説明するには、ちょっと生化学の知識を説明しないといけないんだな。まずミオシンはATPと結合することで、アクチンから離れることができる。死後硬直ってあるでしょ？　あれは亡くなった人の筋肉内のATPが枯渇して、ほぼすべてのミオシンがアクチンに結合して外れない状態になり、筋肉が固まった結果なんだ。一方、僕らではATPが常に産生されるので、ミオシンはATPの結合によりアクチンから離れることができるわけ。それでアクチンから離れたミオシンはATPを加水分解して、ADPとリン酸に分解するんだ。その状態で再びアクチンに結合して、その後リン酸が離れていきADPだけがミオシンに結合した状態になるわけ。この状態でミオシンはさっき説明したパワーストロークによりアクチンを移動させて力を出すんだ。それでパワーストロークが終わるとADPもミオシンから離れて、その後新しいATPが結合してミオシンがアクチンから離れる。これでATP加水分解を介したミオシンとアクチンの結合・解離サイクルを一周したことになる（図2）。このサイクルに要する時間は大体0.03秒と考えられているんだ」

興毅「ということは、ミオシンはアクチンにくっついたり離れたりを0.03秒くらいの高速サイクルで繰り返しているんですね？　メチャメチャ速いな。僕らの綱引きみたいにずっと綱を引っ張り続けるのではなく、引っ張っては綱を

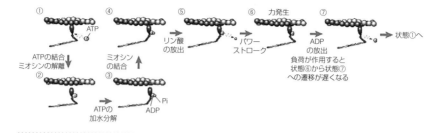

図2／ミオシンとアクチンの相互作用サイクルの図。ミオシンはATPと結合することでアクチンから解離し（状態①→②）、ATPの加水分解後（状態③）にアクチンと再び結合し（状態④）、パワーストロークにより力を発生させてアクチンを移動させる（状態⑥）。このサイクルを繰り返す。

離して、また引っ張るということを繰り返しているわけですね」

司「そう。僕らの綱引きでは、綱を引く僕らが一緒に移動できるけど、筋肉の中ではミオシンフィラメントは固定されているので動けないわけだ。そこで、各ミオシンがくっついたり離れたりすることで、ミオシンは定位置にいたままでアクチンだけが筋肉の中心方向に向かって引っ張られていくわけだよ」

興毅「そうすると、アクチンから離れて力を出していない間は他のミオシンがアクチンにくっついて力を出しているわけですね。さっきミオシン70分子くらいがアクチン1本に相互作用できるって言ってましたけど、その内の何割くらいがアクチンに結合しているんですか？」

司「お、またまた良いポイントをついたね。大体10％くらい、すなわち70分子中7分子くらいが力を出しているわけだ。それでここからが面白いポイントなんだけど、より大きな力を出すためにミオシンはある特殊な性質をもっているんだ。それは負荷を感知するセンサのようなものなんだ」

興毅「え、タンパク質にセンサですか？」

司「センサというのはちょっと大げさだけど、これを説明するためにさっき話したATP加水分解サイクルが必要だったんだ。パワーストロークによって力を出すときにミオシンにはADPが付いているわけだけど、ミオシンに負荷がかかるとヘッドの構造が変形してADPが結合するポケットが小さくなって、ADPが抜け難い状態になるんだ。そうすると何が起こると思う？」

興毅「負荷がかかってADPがミオシンから抜けないとですか？ ん〜、ADP

が抜けないと ATP が結合できないから、ミオシンがアクチンから離れ難い状態になりますね。あ、そうか！　ミオシンがアクチンに長く結合することになるので、言い換えれば結合するミオシン分子数が増えるということになるわけですね！　ATP 加水分解のサイクルを説明したかった理由がわかりましたよ」

司「そう、そのとおり！　やるねー。ミオシン頭部の構造が負荷によって歪むことで ADP が解離し難い状態が起こり、その結果ミオシンがアクチンにより長く結合し、アクチンに結合するミオシン分子数が増加するわけだ。実にうまい仕組みだろう」

興毅「確かに。でも、さっき分子数が増えるという話とは別に、力発生のタイミングがシンクロするって言ってましたよね。それはどうなんですか？」

司「そう、そこが最新の研究でさらに見えてきたものなんだけど、ミオシンのパワーストロークが1回だけではなく、アクチンから解離する前に複数回するかもしれないということなんだ。これが力発生のシンクロ現象とどういう関係があるかってことなんだけど、実は確率論の話なんだ」

興毅「あの、何を言っているのか全然わからないです」

司「だよな。要するにだな、パワーストロークが連続複数回できる状態のミオシンに負荷が作用すると、さっき説明したように次の状態に移り難い状況になり、パワーストロークできずにそのままの状態になるわけだ。こういう状態のミオシンが増えてくると、確率的にはこれらの分子が同調してパワーストロークを起こしやすくなるという考え方なんだ（図3）。これがパワーストロークが1回しかできない場合は、ゼロではないけど確率的には起こり難いんだよね。理由は単純で、1回パワーストロークを終えたら、アクチンから解離しないと再びパワーストロークできないでしょ。だから同調してパワーストロークするチャンスはきわめて低い。一方、複数回のパワーストロークチャンスがあれば、1回パワーストロークしてもまだ次のパワーストロークがあるので、同調するチャンスがあるということだね」

興毅「なるほど。要するにミオシン頭部の構造が負荷により歪むことで生じる ADP 解離の遅延効果とパワーストロークが複数段階あるという2つの特性が、負荷の上昇にともなって力を出すミオシン分子の数を増加させるだけでなく、分子間の力発生が同調するチャンスを上げることにつながっているわけですね。

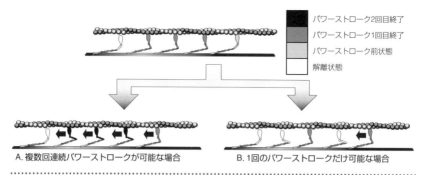

図3／パワーストローク回数と協働的な力発生の関係。パワーストロークを連続で繰り返すことができる場合（下段Aの場合）、ミオシン分子の力発生が同調する可能性が高くなる。このイラストでは、結合してパワーストローク前のミオシン（上段：状態の遷移を表すバーの■色）がパワーストロークをしてアクチンを移動させた際に、1回目のパワーストロークを済ませた分子（上段の3分子、■色）がほぼ同時に2回目のパワーストロークを起こす確率が上がることを示している（この例、下段Aでは矢印が示すように、黒色■の中央3分子が右端の分子とともに力の発生を同調している）。一方、1回のパワーストロークだけ可能な場合（下段Bの場合）は、1回目のパワーストロークを済ませた分子（上段中央の3分子、■色）はすでにパワーストロークを終了しているので、解離するか（下段B、□色）、そのままの状態（下段B、■色）でいるために、ミオシンの協働的な力発生がおきる確率は下がってしまう（この例では、右端の1分子だけが力を出している）。

これらの特性があれば、ミオシン分子同士がコミュニケーションせずに、確率的にミオシン分子間における力発生の同調現象が起きてくるというのが根本的な考えなのですね？」

司「そのとおり！　最近の研究によれば、わずか20分子程度の少数分子集団において3〜4分子が同調して力を出すことがわかってきた。ちなみに半径1センチ程度の小さな筋肉にでさえ、ミオシン分子は兆を超える数いる。そんな無限に近い分子で構成されているのが実際の筋肉だけど、実は数分子レベルでちゃんと分子間の協働的な機能が営まれているのが面白いよね。最初に話したように、分子自身の機能は精密機械とは程遠いものだけど、少数（20）分子が集合すると確率的にある個性的な機能（ここでは力発生の協働性）が芽生えてくる。これは筋肉だけでなく、多くの生命機能において少数分子からこうしたユニークな機能の形成があると考えられていて、生命機能を理解するためにもとても重要なポイントなんだ。これが数百、数千、数万と分子数が増えていくレ

ベルでさらに新しい集団機能の形成があるはずで、今後はこれを解明していくことが大切だね」

興毅「いや〜、なんかすごい壮大なスケールの話ですね。自分の筋肉の中でそんなことが起きているなんて想像もつかなかったです。感動しました。でも頭使いすぎたので、そろそろ筋肉を使いませんか？ トレーニングに集中しましょうよ。次のセット、ベンチプレス140キロトライしますので補助2回お願いします」

司「え、わかった（やれやれ、折角いい話をしてやったのに。本当に自由人だ）」

[第12章]

少数での動き
少数のバイオナノマシンがチームで創発する振る舞い

矢島潤一郎
東京大学大学院総合文化研究科
広域科学専攻生命環境科学系

　バイオナノマシンはタンパク質からできており、体長数十 nm（ナノメートル = 10^{-9}m）程度、体重 10^{-19}g 程度と、とても小さくて軽いマシーンです。1分子のバイオナノマシンの出力は、pN（ピコニュートン = 10^{-12}N）程度と小さく、入力されるエネルギーも熱エネルギー程度で、常に熱ノイズにさらされた環境で機能します。人間がつくる人工マシンとは、素材やサイズ、エネルギーの入出力の程度も大きく異なります。

　こうした極小・極軽サイズのバイオナノマシンについて、家族の会話をちょっと聞いてみましょう。

バイオナノマシンがはたらく世界——混雑している？

レイチェル「ダディ、また DVD 観てるの？ *Fantastic Voyage*（『ミクロの決死圏』）[1]でしょ。ほんと飽きないね。何度も見てるから私も大体覚えちゃったけど、人間の体がすごく小さくなって、人間の中に入りこんで、治療とかするんでしょう」

アナ「いつか、こんなことができるようになるのかなあ。特殊なライトを浴びたら体が小さくなって、体の中や細胞の中を泳ぎながら探検することなんて。他にも、薬を飲んで体を小さくさせるとか。そんな漫画も学校においてあったよ」

父「残念ながら、現行の科学技術では到底無理だね。人が小さくなるってこと

は、体をつくっている細胞（μmサイズ；マイクロメートル＝10^{-6}m）も、その細胞の中のタンパク質やDNA（nmサイズ）もそれぞれ小さくなって、さらに、それらを構成する原子（Åサイズ；オングストローム＝10^{-10}m）も小さくなるってことだから、SFの世界と考えたほうがよさそうだね。でも、いずれできるようになるかどうかは、これからの科学者の頑張り次第かな……。科学者って、絶対にできないと証明されない限り、非現実的なことと考えられていることであっても、あらゆる可能性を試して何とか実現しようと追求している人たちだからね。ともかく、あの映画は子どものころから好きなんだけど、それでも小さくなって、細胞の中を泳ぎたくはないなあ。そもそもレイチェルもアナも細胞の中ってどんな世界か想像できる？　二人が住んでいる世界とはまったく異なるところだと思うよ」

レイチェル「どんな世界なんだろう？　理科の授業で観察した細胞って、スカスカって感じだったよね。アナはもう小学校の授業でやった？　私の高校の教科書でも、細胞ってメジャーな細胞小器官が描かれているだけで、中身はスカスカみたいだから、細胞の中って案外自由に泳ぎ回れて楽しそうじゃない」

アナ「夏休みに行った巨大プールはチョー混んでて、あれじゃ好き勝手に動き回れなかったよね。レイチェルが言うように、細胞の中のほうが泳ぎやすそうだね」

父「実は細胞の中って思った以上に混みあっているんだよ。タンパク質だとか、核酸だとか、糖だとかで埋め尽くされているんだ。例えば、遺伝子の塩基配列の情報を写し取ったmRNAなんていうのは10万分子もあるし、細胞内のタンパク質工場であるリボソームは、なんと100万分子もあるらしいんだ[2]。だから、キネシンという細胞内で物を運ぶバイオナノマシンは、混み混みの波のプールの中を進んでいくような状況で、ちょっと進むと何かとぶつかりながらも輸送マシンとしての役割を果たしているんだよ（図1）。二人が学校で細胞を観察したとき、細胞は確かにスカスカに見えたと思うので、それはそれで事実なんだけれど、常に自分の目に見えるものだけでこの世界が成り立っているわけではないんだ。もっと分解能の高い顕微鏡を使ったりすれば、もっと細かい構造体まで見えてくるよ。そこに見えるものを疑ってみたり、自分のものの見方を変えたりしてみないと、物事の本質を見失ったり、何か新しいことを見損

図1／細胞内は混雑している？
作画：松田恭平

ねてしまうこともあるんだよね」

バイオナノマシンは脳がない？

アナ「ふーん。そういえば、プールとは違って細胞って皮膚で光がさえぎられるから、きっと中は暗いよね。海の奥深くってとこかな」
父「確かに暗いだろうね。そんな暗闇でバイオナノマシンは機能しているんだね。もちろん、ライトなんて文明の利器は装着されてないからね。だからバイオナノマシンって、目がないのも同然で、視力に頼って何かを判断するってこ

とはないんだ」

アナ「じゃあ、どうやって進んでいく方向とかがわかるの？」

父「それは、バイオナノマシンを構成している表面分子と着地するレールの表面分子の間の相互作用で決まるんだ。分子間に働く静電力だとか水素結合、疎水結合と呼ばれる弱い相互作用が重要なんだけど、この作用が及ぶ範囲というのが限られていて、数 nm 程度しかないんだ。まさに『一寸先は闇』なんだよ」

レイチェル「頼れるのは、肌触りとか足元がしっかりどこかにはまっているということ？ 目隠ししながら、一歩一歩慎重に踏み出して綱渡りをして移動していっているということ？」

父「そうだね。触れてみないとわからないんだ。でも、バイオナノマシンは知能なんてものはないので、人間が無意識にしているような簡単な先読みすらできず、『次はここを踏もう』とか、『ゴールはあそこだ』とか、考えながら歩くこともないんだ。四方八方にでたらめに踏み出してみて、たまたま踏めた場所が次の一歩になるんだ。次の一歩に失敗して、後ろに戻ってしまうときもあるし、レールから外れてしまうこともあるんだ。それに、バイオナノマシンって、超軽いから、重力が気にならなくなってくるんだ。だから、上とか下とか逆さまとか、落っこちてしまうとか、そういった概念は当てはまらなくて、もし踏み外したら、ただただどこかに飛んでいってしまうんだ」

アナ「踏み外したら、落ちるんじゃなくて、飛んでいってしまうの？ 飛べるの？」

父「これらのバイオナノマシンは、飛行機のような飛ぶためのエンジンや翼のような構造ももっていないよ。水溶液の中だから周りにあるとてつもないすごい数の水分子が、平均的にはピストルの弾ぐらいのスピードで、バチバチとあらゆる方向からバイオナノマシンにぶつかって、その衝撃で動くんだ。このぶつかり方がランダムなので、どちらの方向に飛んでいってしまうか、予想はつかないんだ。このようなランダムな運動をブラウン（熱）運動[3]と呼ぶんだ」

アナ「ブラウン運動ってなんだか痛そうだし、随分いい加減なマシンみたい。適当そうに見えるのに、実際には上手くできているんだね。なんだか不思議な世界」

父「直感的にはわかりにくいよね。それに、超小さくて超軽いバイオマシンは

水中を泳ぐときに、慣性は全然働かないで、粘性が支配的なんだ。簡単にいうと、お祭りで買った水あめのようなベタベタとしている中を泳いでいるところを想像するといいかな」

アナ「そうなの！　小さかったり軽かったりするだけで、私たちがプールの中を泳ぐのとは全然違うんだね。バイオナノマシンって思ったより過酷な環境を耐え抜いているんだね。実際には、そのバイオナノマシンっていうのは、細胞内でどんなことをしているの？」

チームになると創発される振る舞い

父「例えばキネシンと呼ばれるバイオナノマシンは、細胞内で小胞を背負って目的地まで運んだり、細胞が分裂するときに染色体を2つに分配したりするんだ。このマシンがないと脳が働くこともできないし、細胞が増えることもできないんだよ。こうしたバイオナノマシンは1分子だけでも巧みに機能するんだけど、少数分子が集まった時に、われわれが思いもつかなかったように振る舞うことがあるんだよ。この『思いもつかない』というのは、これらの振る舞いには『非線形な関係』が隠されているからなんだ。1分子の動き方がわかっても、個々の分子が複数組み合わさったとき、どのように振る舞うのかが直感的にはわからないってこともあるんだ。

　あるキネシン[4]は、1分子の時には微小管と呼ばれるタンパク質に沿って決められた方向に動くのだけれど、複数の分子が集まって共同して機能したとき、運動する方向が逆転するんだ。分子の数が多いか少ないかの違いだけで、動く方向が逆転する分子機構はよくわかっていないんだけど、個々の要素が組み合わさると全体としてまったく異なる動きをするなんて、どんなカラクリが考えられるんだろうね。

　キネシン以外にも、ダイニンと呼ばれるバイオナノマシンも『分子数』に関わる面白い運動特性があるんだ。ダイニンと微小管を細胞の中から分離してきて、このダイニンの動きを3次元空間が測定できる顕微鏡[5]で観察すると、ダイニンは1分子のときには棒状の微小管上を直進していくだけなんだけど、複数の分子が共同してはたらくと、微小管に沿ってグルグル回りながら動いてい

図2／少数分子のチームで回転運動を行う？
作画：松田恭平

くことがわかったんだ。この回転方向も右回りだったり、左回りだったり、全然回らなかったりとランダム性が備わっていたんだ。従来、バイオナノマシンは猪突猛進する単一機能しかないと思われていたんだけれど、環境に適応するために分子の数によって振る舞いを変える柔軟な能力を備えているらしいんだ（図2）」

レイチェル「へー。1 + 1 = 2 だけじゃなくて、状況に応じてプラス5になったり、マイナス3になったりするっていうことなんだね。きっと」

父「うまいこと言うね。こうした少数分子の振る舞いの分子機構は世界中で研究がされているけれど、未解明のままなんだ。マシン同士の立ち位置によって互いに共同したり邪魔しあっているのか、マシン同士で引っ張ったり押し合ったりしてメカニカルな連絡を取り合っているのか、どういうカラクリなんだろうね。さっきも言ったけど、バイオナノマシンは知能というものがないから、ともかく自分が動くことで他のマシンにも影響を与え、個ではできなかったことを行うんだろうね。バイオマシン同様、人間も動いてみることが大切なんだ

と思うよ。そしていろいろな人の動きや考えが作用しあうと、自分では思ってもみなかった考えや、まったく違う行動なんかが生まれてくるんだろうね」
母「じゃあそろそろ、みんなで共同してご飯を作りましょうか。おいしいものができるようにね。今の話だと、もしかしたら不味いものができちゃうかもしれないけどね」
父「……」

注・参考文献

1. ファンタジー色が強い SF スパイ映画。1966 年、アメリカ。著者は小学生の頃に日本の TV 局で放映されたときに初めて視聴し、衝撃を受けた。
2. Milo R, Phillips R (2016). *Cell biology by the numbers*. Garland Science.
3. 米沢登美子 (1986)。ブラウン運動。物理学 OnePoint、共立出版。
4. Roostalu J, Hentrich C et al (2011). Directional switching of the kinesin Cin8 through motor coupling. *Science* 332: 94-99.
5. Yajima J, Mizutani K et al (2008). A torque component in mitotic kinesin Eg5 revealed by three-dimensional tracking. *Nature Struct Mol Biol* 15: 1119-1121.

［第13章］
少数により成り立つ細胞社会
細胞の中の分子はいつどこに何個あるのか

谷口雄一
理化学研究所生命システム研究センター

　生命の基本単位である細胞。細胞の中ではいろいろな役割を担う分子がうごめき、互いのはたらきがうまくかみ合わさることでさまざまな機能が生まれています。面白いのは、これらの分子の数は意外に少ないというところ。そのせいで、1つの分子のちょっとした"行動"が、たまに細胞全体の機能を変えてしまったり、さらにそれが1つの個体の運命を決定づけてしまったりといったことが起こります。ここでは、こうした数多くの種類の分子によって形成される細胞の"社会性"について、最近生命に興味をもちはじめた高校生（16）と、生物学の教師（35）との会話から学んでみましょう。

高校生「私たちの体って10ミクロン（μm；1000分の1ミリメートル）くらいの大きさの『細胞』から成り立っているんですよね？」
教師「そうだね」
高校生「でも細胞ってすごく小さくて、1つひとつのレベルで何が起こっているのか感覚的によくわかりません」
教師「確かにそうだね。では今日は、1つの細胞内の現象を身近なものとして理解するために、1つの『工場』に置き換えて考えてみようか」
高校生「はい。ぜひよろしくお願いします」

多目的工場施設「細胞」

教師「細胞は、さまざまな製品を生産する多目的工場（図1）として考えると理解しやすい。工場には、まずボスである工場長（ゲノム DNA）がいて、いろいろな製品をつくる指示を出す。指示を出す際には、最初に指令書（mRNA）が発行されて、それが生産部門に届くと製品（タンパク質）の生産が始まる。この工場長－指令書－製品の流れが、工場の中心的なプロセス（セントラルドグマ）となる」

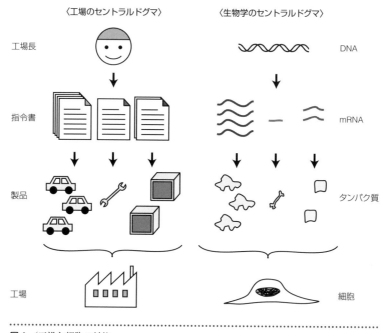

図1／工場と細胞の対比。

高校生「なるほど。結構ちゃんとした生産ルールがあるんですね」
教師「そうだね。でも、実際のその辺りにある工場と比べると、結構いい加減に生産が行われているんだよ」
高校生「そうなんですか？」
教師「まず、指令書の発行は工場長の思いつきで決まることが多く、いつもラ

ンダムなタイミングで行われる」

教師「つまり、サイコロを振ったときのように、1日で1枚しかある製品の指令書が発行されない日もあれば、6枚の指令書が発行される日もある。発行がゼロの日もある」

高校生「なるほど。でも実際の工場の場合も、ワンマンな工場長の場合はそんな感じかもしれませんね」

教師「そうかもしれない。でもさらに実際の工場と違うのは、生産部門の社員もいい加減なところで、指令書が届いたとき、社員の気まぐれで1日ごとにランダムな数の製品が生産される」

教師「しかも、指令書の管理者もいい加減で、1日ごとにある割合の指令書を紛失する。指令書がなくなると、それ以降の製品の生産も止まってしまう」

高校生「いい加減ですねー。それで工場は回るんですか？」

教師「これが意外にちゃんと回るんだよ。この工場は長年培ったノウハウ（進化により最適化された遺伝情報）が蓄積していて、いい加減な人たちでも生産が回せるようにいろいろとルールが設定してある」

高校生「どんなルールですか？」

教師「例えば大事な製品を作る場合は、大量に製品をつくることを指示した指令書を1枚だけ発行するのではなく、ある数作ることを指示した指令書を、一度に大量の枚数発行する（mRNAバースト現象）。こうすることで、生産部門で1枚の指令書ごとにばらばらな数の製品が作られても、大量の枚数があれば、それらは足し合わされて合計の生産量はほぼ一定になる。また、管理者が指令書を紛失した場合には、1枚だと生産ラインが一気にストップするけど、大量の枚数があればどれかが残るはずなので、確実に一定の生産量が確保できる」

高校生「何度も繰り返し口うるさく言えば、そのうち必ず言うことを聞いてくれるようになるみたいな感じですね。すごく生き物っぽいです」

教師「コンピューターなどの人工機械の場合は、1つひとつの命令の絶対的な厳守が必要とされるけど、細胞の場合はこれとかなり違っている。人工機械と生命の決定的な違いは、こういうところから生まれるのかもしれないね」

企業グループにおける生産戦略

高校生「自然界にはさまざまな生物種がいると思うのですが、ルールに違いはあるのですか？」

教師「工場長－指令書－製品という基本的な流れは同じだけど、内在するルールは生物種毎に多種多様となっている。それでは、生物種毎のルールの違いを、『企業グループ』ごとのルールの違いになぞらえて考えてみようか」

高校生「はい。ぜひよろしくお願いします」

教師「まず先ほど話した工場は、企業グループ（生物種）に属していて、決まった企業理念に基づいて生産活動を行う。企業グループに属する各工場はノルマとして、一定期間ごとに、現工場のコピーとなる新工場を増設（細胞分裂）することが課せられている。そしてこの増設は、コストを省くため、ほぼすべて自らの工場で生産した製品を用いて行われる」

高校生「結構しんどそうなルールですね」

教師「そうだね。でも他の企業グループとの生存競争に勝つにはどうしても必要なルールなんだよ。でないと他のグループに数的に飲み込まれてしまう（自然淘汰される）んだよ」

高校生「なるほど。そこまで徹底した企業しか生き残っていけないわけですね」

教師「この企業グループにはさまざまなカラーがあり、例えば企業としての成熟度（進化の度合い）に応じて、旧型企業（下等生物である大腸菌など）と、先進企業（高等生物である植物・ヒトなど）に分けられる」

高校生「何が違うのですか？」

教師「生産プロセスのチェック度やサイクル性、工場間の協働性などに違いがある。例えば旧型企業では工場毎の工場長の数（ゲノムのコピー数）は1名だが、先進企業では複数名（ヒトでは2名）置かれており、1名の工場長が病気（ゲノム異常）になっても、工場生産になるべく影響が出ないようになっている」

高校生「旅客機のパイロットには必ず複数名が置かれる、みたいな話ですね」

教師「また、新工場の増設は工場にとってはまさに一大イベントなんだけど、先進企業では増設のタイミングに合わせた生産フェーズ（細胞周期）を設けて、最も適切なタイミングで各製品・部材ができあがるようなルールを制定してい

る。ちなみに、生産フェーズは主に4期に分けられていて、第1、第3フェーズ（G_1、G_2期）では工場を大きくするための生産活動が行われるのに対し、第2フェーズ（S期）では新工場長の選任（DNA複製）、第4フェーズ（M期）では新工場の建築（細胞分裂）が行われる」

高校生「なるほど。サイクルを設けて工場が一丸となって、その時必要な製品を増産しながら増設を目指すんですね。先進企業にはより高度なチームワークが存在するんですね」

製品のラインナップとその個数

高校生「これまで話してきた工場は、さまざまな製品を生産する多目的工場なんですよね。1つの工場では、どれくらいの種類の製品がトータルで何個ぐらいつくられているのでしょうか？」

教師「企業グループによってかなり違うけど、有名旧型企業のB社（大腸菌）では約4000種類の製品が総計約百万個、有名先進企業のH社（ヒト）では約10万種類の製品が総計約1000億個、つくられているといわれている」

高校生「へー。すごくたくさんの種類を作っているんですね」

教師「確かにその辺りの工場と比べるとかなり多いね。でも、ほぼ自社製品で新工場を増設しないといけないとなると、やはり、これくらいの種類は必要なのかもしれない」

高校生「それぞれの製品は大体同じ数がつくられるのですか？」

教師「いや、かなりばらつきがある。B社を例にとってみると、需要の高い製品は10万個レベルで生産されているのに対し、そうでない製品は工場によって1個つくるかつくらないかのレベルになっている。全製品の中央値は約10個のレベルだよ」

高校生「なるほど、意外にかなり小ロット生産まで行っているんですね。大量生産している製品にはどのようなものがあるのですか？」

教師「例えばいろんな製品の製造を行う生産機（リボソーム）や、指令書の印刷機（RNAポリメラーゼ）、建物建築のための部材（アクチン・微小管など）は、かなりの数がつくられる。とくに、工場の新設に必要な製品（必須タンパク質）は

数多く生産される傾向にあるね。一方で、効果がはっきりしない製品や、普段あまり使わない製品、一家もしくは1工場に1台あれば十分な製品などは、あまり生産されない」

高校生「となると、決められた資源・材料（糖・アミノ酸・脂質など）の中で、何を何個つくるか、製品のラインナップをどう決めるかって企業戦略としてすごく大事だと思うんですが、どうやって決めているんでしょうか？」

教師「どの製品を何個作るかは、企業グループの長い歴史を経て決められる。各工場長は、製品を何個生産するかについて、それぞれが思いつきでランダムに政策の改訂（遺伝子変異）を実施する。でも、それらはたいていうまくいかず、工場経営はどんどん傾いていってしまう。でもこうした政策改訂が、非常にごく稀にうまい方向に経営を転換させることがある。その場合、その工場はどんどん工場新設を行えるようになるので、かなりの時間が経つと、その工場のコピーが企業グループ内でも大勢を占めるようになり、つまり企業グループ全体の政策の転換（種としての進化）が行われたことになる」

高校生「政策の改訂の大半がうまくいかないなんて、工場内の人にとっては迷惑以外の何物でもないですねー。でもそういう冒険が、企業グループ全体の生き残りには必須なことなんですね」

教師「そう。同様に、製品の改良や新製品の開発も、各工場長の冒険的な政策改訂と数多くの工場の犠牲から成り立っている」

"気まぐれ"の生み出す効果

高校生「身近な工場と違って、いま話している工場では"気まぐれ"で生産活動が行われるという話ですよね。この気まぐれな性質は、工場経営にどのような影響をもたらすのでしょうか？」

教師「良い質問だね。実際に製品の生産過程を例にとって考えてみよう」

高校生「はい」

教師「気まぐれな（確率的な）製品生産の対比として、ここではベルトコンベア式の（決定論的な）製品生産を考えてみよう。気まぐれ方式の場合、製品は一定の時間ごとにランダムな個数つくられる。これに対し、ベルトコンベア方

式の場合、製品は常に決まった個数がつくられる。生産のタイミングを厳密に決めている分、そのための労力（エネルギー）が余計に必要となるが、安定して一定の数の製品が得られるというメリットがある」

高校生「一長一短ですね」

教師「しかし気まぐれ方式の場合、統計学の法則（ポアソン則）に従って、生産数を増やせば増やすほど、時間ごとの個数のばらつきがその平方根に反比例する形で小さくなる」

高校生「なるほど。大量発注によって気まぐれの影響が緩和されるんですね」

教師「そう。この性質のおかげで、生産数の多い人気の製品は、時間ごとにかなり決まった個数をつくることができる。一方で、生産数の少ないマニア向けの製品は、工場長の気まぐれがそのまま生産数に直結する」

高校生「なるほど、理にかなってますね。じゃあ別の見方をすると、1つひとつの工場の"個性"は、生産数の少ない製品においてのみ現れるということでしょうか？」

教師「今の話だけだと、確かにそういうことになるね。でも実際は、生産数の多い製品でも工場によってかなり生産数に違いがある」

高校生「なぜでしょうか？」

教師「気まぐれの積み重ねのようなことが起こるせいなんだよ。工場では、自前で製品の生産機（リボソーム）や、指令書の印刷機（RNAポリメラーゼ）の製造をしているという話をしたよね」

高校生「はい」

教師「ある工場が気まぐれでこういう全製品の生産に関わる機械（グローバル因子）の生産を大量に行ったとする。するとその工場は、次に気まぐれが生じた場合に、他の工場に比べてさらに多数の機械の生産を行うことができる。こうした正のスパイラル（ポジティブフィードバック）が続くと、生産能力が高いエリート工場と、逆の落ちこぼれ工場との違いがどんどん大きくなり、明確な工場の個性（細胞個性）が生まれていく」

高校生「元は同じ工場長（DNA）のコピーの工場なのに、良いタイミングで気まぐれが起こるか起こらないかで、どんどん差がついていってしまうって、何だか切ないですね」

高校生「それにしても、"気まぐれ"な生産活動が許されるシステムって面白いですね」

教師「そうだね」

教師「一見効率が悪い気がするけど、長い時間をとってみると確実に一定の生産量を上げることができる。しかも、生産のタイミングを厳密に決めない分、それに必要なエネルギーもかからない」

高校生「究極のフレックス制といってもいいのかもしれないですね」

教師「でも一方で、進化が進んだシステムでは、細胞分裂に合わせたサイクルを設けて、いろんな遺伝子発現のタイミングを合わせて生産活動を行っている」

高校生「"気まぐれ"は一人ではたらくときは有益だけど、他人と協調してはたらくときは不利益になるというのは、何だか人間の社会にも通ずるものがありますね」

[第14章]
少数を決める
べん毛の本数を決める仕組み

小嶋誠司
名古屋大学大学院理学研究科
生命理学専攻

　細菌というと、病気を引き起こすバイ菌の負のイメージが思い浮かぶかもしれません。しかし、運動器官のべん毛をしなやかに使って泳ぐその姿は美しく、心を打つものがあります。また、単細胞で単純だからと侮ってはいけません。単純なだけに、細菌には最も効率よく生きていくための仕組みが備わっています。例えばタンパク質でできた装置を、適切な場所に、必要最小限の適当な数だけ配置することができます。ここでは、そのひとつの例として、細菌が溶液中を泳ぐために使う「べん毛」と呼ばれる運動装置を取り上げます。べん毛研究に取り組んでいる大学の先生と、研究室選択で悩む学部3年生の学生さんの会話を通じて、その世界を見ていきましょう。

細胞内装置の形づくりと数の重要性

先生「こんにちは。来年は4年生になるけれど、配属を希望する研究室はだいたい決めたのかな？」

学生「先生こんにちは。それが、どこを希望するかまだ決めかねています。子どもの頃から、どうやって私たちの体ができてくるのかに興味があって理学部の生命科学系に入学したのですが、興味が漠然としすぎて、具体的に何を卒業研究にやりたいか、まだこれだ！　という決め手となるものが見つからないんです」

先生「それでは興味を整理して単純化してみよう。君が知りたいのは、突き詰

めると『生物の体がどうやってつくられていくか』でいいのかな？」

学生「はい」

先生「私たちの体は、細かく見ていくと細胞から成り立っていて、さらに細胞の中にいろいろな装置があり、それらがはたらいて生命を維持していることはわかるよね。だから、からだが組み立てられる仕組みを理解するには、まず最小単位である細胞がどう形づくられるか、つまり細胞の中でどのように個々の装置がつくられるかを知る必要がある。この時に大事なことは、これら装置が『適切な場所に適切な数だけ配置されている』、ということなんだ」

学生「えっ？　場所と数が大事ってどういうことですか？」

先生「装置がおかしな位置にあったり、その数が必要以上に多くなったり逆に少なくなったりすると、細胞全体としてうまくはたらけなくなって病気を引き起こす、ということだよ。長い進化の過程で生命活動が最も効率よく行われるように研ぎ澄まされた結果、特定の位置に適切な数の装置が配置されるようになったと考えられないかい？　このことを私たちが研究対象としている、たった1つの細胞で生命を形づくっている細菌で考えてみよう。細菌は生きるために必要な最小限のものしかもたないから、徹底的に無駄を削ぎ落として、つくられる装置の種類・数・位置が厳密に決まっているんだよ」

学生「なるほど。そんなふうに考えたことがなかったです」

先生「そこで君が興味をもっている『生物のからだ』を『細胞の装置』に置き換えて考えてみよう。すると、その形づくりの仕組みの研究は、わざわざ複雑な多細胞生物を使わなくてもよく、単純な細菌細胞を対象にして十分に行える。つまり、君の興味と私の研究対象である細菌の運動装置『べん毛』を結びつけることができて、君の最初の問いは『べん毛がどうやってつくられるか』、に置き換えることができる。ちょっと強引かもしれないけれど、どうかな？」

学生「うーん、なんだか説得されているみたい。でも、これまで高等生物の生命の仕組みばかりに興味がいって、細菌なんてまったく相手にしたことなかったけれど、知りたいことが何かを突き詰めれば、細菌を使って解き明かすことができそうというのはわかりました」

先生「そうなんだよ。誕生後に体が成長する仕組みを知りたいなら複雑な生物（例えば哺乳類）を対象にしなければならないけれど、明らかにしたい問いによ

っては、単細胞の細菌でも十分に研究できる。さらに、研究材料としても細菌のよいところはたくさんあるよ。速く育つし、従来の生物学・化学・物理学だけでなく、それらを融合した新しい手法が使えるんだ。細菌を使って生命科学の基礎を学んでから、高等生物の生命現象に取り組んでいく研究者も多いよ」
学生「興味が湧いてきました。もう少し具体的に話を聞かせてください」

細菌細胞の運動装置「べん毛」とその数の制御

先生「よっしゃ！ 食いついてきたね！ ところで君は細菌細胞が泳いでいるのを見たことある？」
学生「ないです。でもバイ菌が泳ぐのって見たくないなぁ。気持ち悪そう」
先生「そんなことないよ。私は細菌がべん毛を回転させて泳ぐのを、初めて自分の目で見たとき感動したよ。とても可愛かった。ま、それはともかく、私たちの研究室では、海に棲んでいるビブリオという細菌を研究している。この細菌は細胞の端っこ（極という）に1本だけべん毛を生やしている（図1A）。べん毛は細胞の外側にあるらせん状のフィラメント部分と、ジョイントとして働くフックと呼ばれる部分、そして根元にある表層に埋まった回転モーターからできていて、らせん状繊維がスクリューのようにモーターで回転すると、推進力を得て泳ぐことができる。細胞の中へと流れるイオンのエネルギー（細胞膜の内外に形成されたイオンの電気化学勾配）を動力源として使っている点がユニークなんだ[1]」
学生「べん毛は運動装置なんですね。それが細胞の極になぜか1個だけつくられる。確かに不思議です。たくさんあってはダメなんですか？」
先生「いい質問だ。極にたくさんべん毛が生えると、パワーが加算されて速く泳げそうだよね。でも実際はそうじゃない。複数のべん毛が生えると、それぞれのモーターが自由に回転してしまい、べん毛フィラメントがからみ合って上手く泳げないんだ（図1A）」
学生「1本じゃないとうまく泳げない。泳げないと栄養のあるところへ移動できないし、嫌なものから遠ざかることができないから死活問題ですね。だからわざわざ1本だけ形成する仕組みがあるんだ。それを明らかにしようとしてい

るのですか？」

先生「そのとおり。実は私のメインの研究テーマは『べん毛モーターが回転する仕組み』で、最初は本数のことをあまり気にしていなかったんだよ」

べん毛運動が異常になった変異株

学生「へえ。でも確かに、生き物がつくるモーターって、人工のものとは仕組みがまったく違ってそうだから、面白い研究テーマですよね」

先生「そうなんだよ（ニヤリ）。とくにビブリオ菌はものすごく速く泳ぐことができて、エンジンであるモーターは、回転速度が1秒間に1700回に達することもある、すごい性能のもち主なんだ」

学生「秒速1700回転って、ちょっと想像できないけれど、どうしてそんなに速く回転できるんですか？」

先生「実際のところ、まだわかっていない。ビブリオ菌は海にふんだんにあるナトリウムイオンを使っているのが原因のひとつかもしれないね。おっと、脱線してしまったけれど、べん毛本数の研究に取り組むきっかけとなったのは、運動の仕組みに異常が生じて泳ぎが悪くなったビブリオ菌（変異株という。正常な菌は野生株という）の中に、細胞の極にたくさんのべん毛が生えているものが見つかったことなんだ」

学生「急に話が変わったので、わからなくなっちゃった。そもそも、泳ぎが悪い異常なビブリオ菌はどうやって見つけたんですか？」

先生「『変異源』って呼ばれる化学物質をビブリオ菌にかけるんだよ。変異源はビブリオ菌の体内に入り込んで、遺伝子の実体であるDNAにくっついてしまう。すると、DNAの性質が変わってしまい、子孫に伝わる遺伝子に異常が生じるんだ」

学生「変異源って怖いですね」

先生「そう。ビブリオ菌だけでなく私たちの体にも作用しうるから、実験室での取り扱いには十分に気をつけているよ」

学生「遺伝子が異常になるとどうなるんですか？」

先生「遺伝子の情報をもとにタンパク質がつくられるのは知っているでしょ？

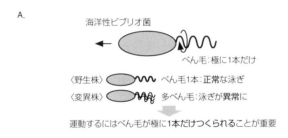

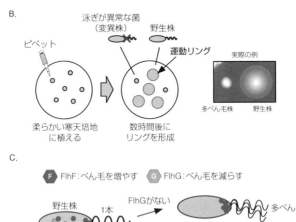

図1／海洋性ビブリオ菌は極に1本だけべん毛をもつ。A：ビブリオ菌は極べん毛1本を回転させて海水中を遊泳する。べん毛が多数になると、からまってしまい上手く泳げない。B：柔らかい寒天培地にビブリオ菌を植えて育てると、野生株は栄養を求めて外側へと運動しながら分裂を繰り返し、運動リングを形成する。泳ぎが異常な株は寒天培地中で動くことができず、リングを形成できない。右図は実際の運動リングの写真。C：2008年に発表した極べん毛本数制御モデル。FlhFはべん毛本数を増やすはたらきをもち、FlhGは逆に減らすはたらきをもつ。FlhGがないと細胞極にFlhFが多数集まり、べん毛が多数形成されるが、FlhGが過剰量あるときはFlhFにFlhGが結合し細胞質に留めるため、極にFlhFは存在せず、無べん毛になる。野生型ではバランスが取れて適切な数だけFlhFが極に存在し、1本だけべん毛が形成される。

　タンパク質は細胞の中でいろんなはたらきを担っていて、最初に話した『装置』もタンパク質を部品としてつくられている。つまり、遺伝子が異常になってしまうと、不良品の装置ができあがってしまうことになる」

学生「そっか、遺伝子が異常になったら不良タンパク質がつくられて、故障したべん毛ができてしまうんですね」
先生「そのとおり」
学生「でも、よく考えると、変異源は何か特定の遺伝子を壊すわけではなくて、たくさんある遺伝子に対してランダムに作用するんですよね。だとすると、いろんなところがおかしくなった細胞がでてくるんじゃないですか？　どうやってその中からべん毛に異常のあるビブリオ菌を選び出すんですか？」
先生「良いところに気づいたね。実はとっても簡単な方法があるんだよ」
学生「初心者の私でもできるんですか？」
先生「もちろん。やわらかい寒天培地に変異源処理した菌を植えて、暖かいところに置き、じっと待つだけ。数時間後に運動リング（図１B）ができるかどうかで判断するんだよ」
学生「運動リングって？」
先生「栄養を含んだ培地（スープみたいなもの）をゼリーのようにプルプルン状態に固める。そこに菌を植えると、この寒天培地は水分を含んで柔らかいため、泳げるものは栄養を求めて動きながら分裂を繰り返して増えていく。そして最初に撒いたところからどんどん外へ広がっていき、結果として運動する細菌の集団によるリングが形成されるんだ（図１B）。これが結構綺麗なんだ」
学生「へえ。じゃ、べん毛運動が異常になって泳げなくなると、リングが小さくなってしまうってことですか？」
先生「そのとおり。簡単でわかりやすいでしょ」
学生「学生実習でもできそうですね」
先生「うん、来年は取り入れてみよう。こうして泳ぎが悪くなる菌株を見つけたら、次のステップではなぜ泳げないか、その理由を探るために細胞を顕微鏡で観察する。変異株の多くはべん毛が生えてなかったり、モーターの回転がおかしくなっているんだけど、その中に細胞の極にべん毛がすごくたくさん生えているものがいたんだ」
学生「予想外だったんですね」
先生「うん、最初は本当にびっくりしたよ」

べん毛本数を制御する FlhF と FlhG

学生「どの遺伝子に異常が起きていたんですか？」

先生「実はちょうどその頃、米国のグループが他の細菌種を使って、隣り合う2つの遺伝子 *flhF* と *flhG* がべん毛本数の制御に関与することを報告したところだったから、私たちもこの2つが怪しいと思って調べてみることにしたんだ」

学生「候補があったんですね。それならすぐ結果がわかったのでしょうね」

先生「そうなんだ。調べてみると、*flhG* 遺伝子の途中にナンセンス変異（タンパク質の合成を途中で止めてしまう異常）が見つかった[2]。つまり、FlhG タンパク質が正常につくられていなかったんだ」

学生「ビンゴでしたね！ FlhG が正常につくられないとべん毛が増えてしまうのだから、FlhG はべん毛本数を減らすはたらきをしているのですね（図1C）。じゃあ FlhF はどうなんですか？」

先生「鋭いね。君のいうとおり FlhG はべん毛本数を負に制御している。一方、隣にある *flhF* 遺伝子を削ってなくしてしまった菌株をつくると、べん毛はほとんど生えていないことがわかった。つまり、FlhF タンパク質がないとべん毛が作られないので、FlhF はべん毛本数を増やすはたらきをしていることがわかったんだ（図1C）」

学生「じゃあ、逆にタンパク質を細胞内でたくさんつくらせると、FlhF の場合はべん毛本数を増やし、FlhG の場合は無べん毛になるのでしょうか？」

先生「そのとおり。では次に何を調べたと思う？」

学生「FlhF と FlhG が細胞のどこではたらくか気になります。極べん毛を生やすはたらきがあるのだから、細胞の極にありそうだけど」

先生「いいセンスしてるね。私たちはオワンクラゲの蛍光タンパク質 GFP を FlhF または FlhG につないで細胞内でつくらせ、蛍光顕微鏡で観察した。こうすれば FlhF や FlhG のある場所が細胞の中で光って見える。すると、FlhF-GFP は極にたくさんいて明るい輝点として見えたけれど、一方で FlhG-GFP は半分程度の細胞でしか極に集まっているのが観察されなかった。残りの半分の細胞では細胞全体がぼんやり光っていて、FlhG-GFP は細胞内に拡散していたんだよ」

学生「やっぱりFlhFは極にいたんですね。ということは、極にいるFlhFの数が本数決定の鍵になるってことですか？ FlhGがなくて極べん毛本数が増える条件だと、FlhFは極にたくさんいるのでしょうか？」

先生「良い質問だ。FlhGのない株では、確かにFlhF-GFPが多数極に存在して強く光っていた。さらに別の実験からFlhGとFlhFは結合することがわかったので、FlhGはFlhFに結合して細胞内に留め、結果として極にいるFlhFの分子数が適切な数になって本数が1本になる、というモデルを考えて論文を発表したんだ（図1C）[3]」

学生「だんだんはっきりしてきましたね。FlhFは極ではたらいてべん毛本数を増やし、FlhGは細胞質ではたらいてべん毛本数を減らす、ってことなんですか？」

先生「最新の研究成果を考慮すると、実際はもうちょっと複雑なんだけど、まあ大雑把にいえばそうなるかな」

*

学生「今日のお話で、たった1本だけべん毛をつくるには、FlhFとFlhGという2つのタンパク質がはたらいていて、そのうちFlhFがターゲットとなる位置に必要数だけ存在することが大事なんだとわかりました。仕組みをもうちょっと詳しく知りたくなってきました。卒業研究のテーマにすれば、自分で調べられるんですよね」

先生「そうだよ。興味をもってもらえて嬉しいよ。今日話したように、タンパク質が適切な場所に適切な数だけあることは、生命機能においてすごく大事な問題なんだ。とくに少ない数で働くのが最もよい場合は、数のバランスが少しでも崩れると異常が生じてしまう。私はこの数の問題を、細菌べん毛を材料に解き明かしたいと思う。細菌の研究というと古臭く聞こえるかもしれないけど、生きていくうえで大事な仕組みは細菌の小さな体の中にすべてそろっているし、最初に話したように、いろいろな手法が使える利点がある。それに何といっても、泳いでいる細菌の姿は本当に美しいよ。私たちの研究室への配属も考えてみてね」

文献

1. Terashima H, Kojima S et al (2008). Flagellar motility in bacteria: Structure and function of flagellar motor. *Int Rev Cell Mol Biol* 270: 39-85.
2. Kusumoto A, Kamisaka K et al (2006). Regulation of polar flagellar number by the *flhF* and *flhG* genes in *Vibrio alginolyticus*. *J Biochem* 139: 113-121.
3. Kusumoto A, Shinohara A et al (2008). Collaboration of FlhF and FlhG to regulate polar-flagella number and localization in *Vibrio alginolyticus*. *Microbiology* 154: 1390-1399.

[第15章]

少数で製造をコントロール
タンパク質でできた細菌中ではたらく精密装置

今田勝巳
大阪大学大学院理学研究科
高分子科学専攻

　サルモネラ、病原性大腸菌O157、コレラ菌など、病気を起こす細菌の多くは、体から生えている「べん毛」という繊維状の運動器官をスクリューのように回して移動し、ヒトや動物に感染します。その太さは髪の毛の4000分の1しかありませんが、電子顕微鏡で拡大すると機械のような姿をしています。べん毛は、約30種類のタンパク質分子が組み合わさってできた複雑な装置で、少ない部品タンパク質で1〜5個、多い部品タンパク質では数万個の分子が含まれています。細胞には、べん毛のようにタンパク質分子が集合してできた微小で複雑なさまざまな装置があり、生命活動を支えています。こうした装置は、必要なときに必要な数だけつくられることでうまく機能します。その製造を調節しているのもタンパク質分子で、べん毛では輸送シャペロンという少数のタンパク質分子です。ここでは、運悪く食中毒にかかった高校生のシュンと保健室のマイコ先生の会話から、細菌べん毛がどのようにできあがるのか、みてみましょう。

細菌べん毛

マイコ「この間の校外学習は、食中毒でたいへんだったね。もうよくなった？」
シュン「下痢は止まらへんわ、高熱が出るわ、腹は痛いし、とんでもなかったけれど、もう大丈夫。サルモネラが原因だって病院の先生が言うとったわ」
マイコ「サルモネラだったら、そこのポスターの電子顕微鏡写真に写っている

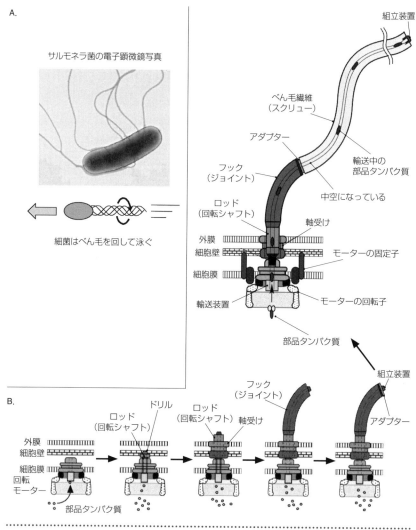

図1／A：サルモネラ菌のべん毛による遊泳。B：べん毛の構造とべん毛がつくられる過程。

やつね（図1A）」

シュン「へえー、こいつが原因かいな。体の周りに毛が生えてるやんか。見るからに悪そうなやつやな」

マイコ「その毛は、べん毛っていうの。髪の毛と違って動くのよ」

シュン「動く？」
マイコ「サルモネラとかO157みたいな細菌は、その毛を回して泳ぐのよ。泳いで腸の細胞にたどり着くと、取り付いてどんどん増えて下痢になるのよ」
シュン「回すって？」
マイコ「そう。毛の根元にタンパク質でできたモーターがあって、1秒間に300回転ぐらいの速さで毛を回して泳ぐの（図1A）」
シュン「モーターで毛を回すんやて？　毛を回すだけで泳げるんか？」
マイコ「毛といっても、複雑な機械みたいなものよ。部分部分がちゃんと機能をもっていて、船のスクリューみたいにはたらくの。極小のスクリューよ」
シュン「でも、生き物の話やろ。生き物やのにスクリューやなんて……」
マイコ「それだけとちゃうよ。モーターからつながる丈夫な回転シャフトや、柔らかいジョイントのはたらきをする部分、長くて固いスクリューのはたらきをする部分、軸受までそろっていて、人がつくった機械みたいな形をしているんだから（図1B）」
シュン「ばい菌の中に、そんなもんがあるのか。ところで、何でできてんの？」
マイコ「毛もモーターも、ぜーんぶタンパク質でできているの。べん毛をつくるのに必要なタンパク質は50種類ぐらいあって、全部細菌の体の中でつくるんよ。べん毛の長さは、だいたい20マイクロメートル（50分の1ミリメートル）ぐらい。そこまで伸びるまで、つくりはじめてから1時間以上はかかるかな」

べん毛は先端で伸びる

シュン「へえー、伸びるんや。髪の毛みたいやな」
マイコ「髪の毛は根元から伸びるけれど、べん毛は先端に部品のタンパク質がくっついて伸びていくのよ。ビルやタワーを建てるみたいに、材料のタンパク質を一番上まで運んで組み立てるの」
シュン「ふーん。でも、どないして部品を先っぽまで送るの？」
マイコ「べん毛は根元から先までストローみたいに中空なの。材料のタンパク質はストローの中を通って一番先まで行くの。そこで順番に積み重なっていくの（図1B）」

シュン「へー、中を通っていくのか。じゃ、部品はストローの中にどうやって入るんや？」

マイコ「べん毛の一番根元、細胞膜に埋まっているモーターのまん中に、部品タンパク質をストローの中へ送り出すはたらきをする輸送マシンがあるの」

シュン「輸送マシン？」

マイコ「そう。これもタンパク質でできているのよ。細菌の中でつくった部品タンパク質だけを選んで、順番に送り出しているの」

シュン「順番が決まってるんや。すごいな」

マイコ「最初に送られるのは、『ロッド』っていう回転シャフトの部品タンパク質よ。レンガでできた煙突のように、らせん状に積み重なってモーターの真上にシャフトができていくの（図1B）。ロッドの部品は5種類で、全部で60個ぐらいのタンパク質分子でできているのよ」

シュン「シャフトは細胞壁を貫いているね。細胞壁が邪魔じゃない？」

マイコ「そうそう、ロッドの先にはドリルのはたらきをするタンパク質分子がついていて、べん毛が体の外に伸びていけるように細胞壁に穴を開けるのよ（図1B）」

シュン「ドリルだなんて、建設工事みたいやね」

フックの長さを決める分子の物差し

シュン「それから、どないなんの？」

マイコ「固くて丈夫なロッドができあがると、その先に『フック』っていうゴムのチューブみたいに柔らかくて曲げられるジョイントができるの（図1B）。フックは回りながら伸び縮みするので、フックがあるとべん毛繊維の向きが変わってもきちんとべん毛を回せるようになるのよ」

シュン「フックもタンパク質だよね。そんなに性質が違うんだ」

マイコ「フックの部品は1種類でシャフトの先に120個ほどのタンパク質分子がらせん状に積み重なってできているの。長さが55ナノメートル（1ナノメートルは100万分の1ミリメートル）ぐらいになるまで伸びていくのよ」

シュン「55ナノメートルぐらいって、長さが決まってるの？」

マイコ「そう。長さは大切でちゃんと意味があるのよ。フックが短すぎると柔軟性が足りなくてべん毛が曲がるときにうまく回らなくなるし、長過ぎると今度はべん毛がぐにゃぐにゃになって、スクリューの役目が果たせなくなるし。だから、フックをつくりながら、ときどき長さを測ってちょうどいい長さで伸びが止まるように調節しているの」

シュン「えっ、長さを測る？ 誰が？ どうやって？」

マイコ「物差しのはたらきをするタンパク質があるのよ。物差しというより、巻尺といったほうがいいかな。フックをつくっている最中にときどき物差しタンパク質を輸送して長さを測るの。物差しタンパク質には巻尺のように伸びる部分と塊のような部分があって、伸びる部分から真ん中の穴に入っていくの。穴の中をどんどん進んで、伸びきった先がフックの一番先端に届いたときに塊の部分がどこにあるかで、フックがちょうどいい長さかどうか測るの（図2）」

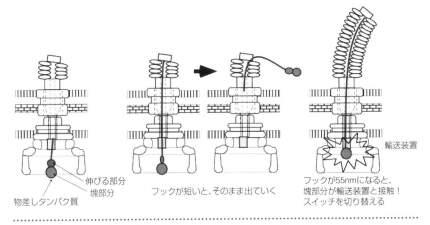

図2／フックの長さを決める分子の物差し。

シュン「ちょうどいい長さになるとどうなるの？」

マイコ「フックの長さが55ナノメートルぐらいになると、塊の部分がちょうど根元の輸送装置と接触できる場所にきて、輸送装置のスイッチを切り替えてしまうの。すると、それまで輸送できていたフックやロッドの部品タンパク質は通れなくなって、今まで通れなかったフックから先をつくるタンパク質だけ

を輸送するようになるの。だからフックの長さは 55 ナノメートルぐらいになるのよ（図 2 ）」

シュン「巻尺だなんて、へんてこりんなタンパク質があるんだね。じゃあ、その巻尺がなくなるとどうなるの？」

マイコ「スイッチが切り替わらないから、フックがどんどん伸びて、ポリフックと呼ばれるぐにゃぐにゃに曲がった変な物体になるの」

シュン「ぐにゃぐにゃじゃあ、まともに泳がれへんな」

マイコ「逆に巻尺がたくさんあり過ぎると、しょっちゅう長さを測りにいくから、55 ナノメートルになる前に、間違ってスイッチを切り替えちゃうことがあるのよ。すると短いフックになって、ぎこちない動きしかできなくなるの。だから巻尺の数も大切なのよ」

長いべん毛繊維をつくる仕組み

シュン「フックができたら次はどうなるの？」

マイコ「次はいよいよ長さ 20 マイクロメートルのべん毛繊維をつくることになるのだけれど、その前に柔らかいフックと固いスクリューをつなぐアダプターとべん毛繊維が伸びるのを先端で助ける組立装置がフックの上にできるの（図 1B）。アダプターは 2 種類のタンパク質がそれぞれ 11 個ずつ、先端の組立装置は 1 種類のタンパク質 5 個でできているの。フックの先端にアダプターと組立装置が乗っかると、べん毛繊維をつくる準備完了ね」

シュン「べん毛繊維は長いよね。何種類のタンパク質でできているの？」

マイコ「スクリューのはたらきをするべん毛繊維は、『フラジェリン』という 1 種類のタンパク質だけよ。先端まで送られてきたフラジェリンは組立装置の真下に組込まれるの。べん毛 1 本あたり数万個のフラジェリン分子が使われるのよ。だから、べん毛繊維をつくる段階になると大量のフラジェリン分子を一気につくって送り出すの」

シュン「一気につくるってことは、フックができてから材料のフラジェリン分子をつくりはじめるということ？」

マイコ「そう。フラジェリンのようなフックから先の部分の部品タンパク質は、

フックができてからつくるの。フックが完成すると、それまでOFFになっていたフラジェリンをつくる遺伝子のスイッチが入るのよ」

シュン「どうやってスイッチを入れるの？」

マイコ「遺伝子のスイッチを入れるのは『シグマ28』という名前のタンパク質。ふだんはFlgMというタンパク質とペアをつくっていて、何もせずにおとなしくしているの。でも、フックが完成して輸送装置のスイッチが切り替わると、FlgMが輸送装置を通って外に運び出されてしまうの。すると、中に取り残されたシグマ28が遺伝子のスイッチを入れてフラジェリン分子の大量生産が始まるというわけ（図3）」

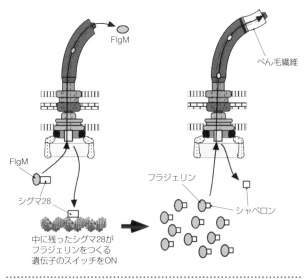

図3／べん毛をつくるスイッチの仕組み。

べん毛づくりを止める仕組み

シュン「なるほど。でも、大量につくりはじめるのはいいけれど、どうやって止めるの？」

マイコ「良い質問。もちろん、つくるのを止める仕組みもあるのよ。そのはたらきをするのが、輸送シャペロンというタンパク質。ふだんは、フックから先

の部品タンパク質とペアをつくるの。ちょうどFlgMとシグマ28みたいにね」
シュン「ペアをつくるのが大事なの？」
マイコ「そのとおり。細胞の中ではペアをつくっているけれど、相手の部品が外へ輸送されるとシャペロンは細胞の中に残るでしょう。この中に残されたシャペロンがいろいろな働きをするのよ（図3）。シグマ28みたいにね」
シュン「いろいろって、どんなことをするの？」
マイコ「例えば、アダプタータンパク質とペアをつくるシャペロンは、FlgMをたくさんつくる指令を出すの。FlgMが細菌の外に出て行ったままだと、フラジェリンをつくるスイッチが入りっぱなしよね。そこで、FlgMを後からたくさんつくって、シグマ28とペアをつくらせてスイッチを切ることでバランスをとっているのよ」
シュン「なるほど。ちゃんとスイッチを切るしくみがあるんだ」
マイコ「それに、フラジェリンのペアのシャペロンには、FlgMを外へ出しにくくするはたらきがあるの。だから、フラジェリンが輸送され続けるとシャペロンが中にどんどん溜まってきて、だんだんFlgMが輸送されにくくなるの。するとFlgMが中に溜まり出して、ひとりでいるシグマ28がいたらすぐにペアをつくるの。それで、フラジェリンをたくさん輸送するとフラジェリンの生産がどんどん減ることになるの。たくさん輸送したということは、べん毛繊維は十分長くなっているはずだから、もうフラジェリンはいらないはずでしょう」

べん毛本数のコントロール

シュン「うまいことできているね。でも、フラジェリンの止め方はわかったけど、フックの方はどうなるの。フックの部品が輸送できなくなると、菌の中にフックの部品がどんどん溜まって困るんじゃない？」
マイコ「それも、輸送シャペロンがうまく調節しているのよ。組立装置タンパク質とペアをつくるシャペロンに、フックまでの部品タンパク質をつくるスイッチを切るはたらきがあるの。FliTという名前なんだけれど、相手が輸送されると、細胞の中に残ったFliTがスイッチを切るの（図4）。ペアから外れたFliTがいるということは、フックができて輸送装置のスイッチが切り替わっ

ているということよね。フックまでできたらフックまでの部品はもういらないから、余計なものはつくらないようにスイッチを切るのよ」

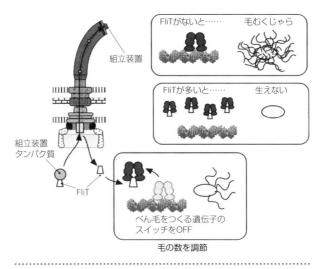

図4／べん毛の数を調節するスイッチの仕組み。

シュン「面白い仕組みやね。中に残ったシャペロンがどんだけおるかで、べん毛がどこまでできているかわかるんやね。もしシャペロンがなくなったら、無茶苦茶なことになりそう」

マイコ「そのとおり。細菌にとっては無茶苦茶なことになるのよ。FliTがなくなると、べん毛づくりを止めることができなくなって、体中べん毛だらけの毛むくじゃらの菌ができあがるの（図4）」

シュン「普通はどれくらい生えてるの？」

マイコ「正常なサルモネラは、5〜10本ぐらいかな。これぐらいだと、べん毛が互いにうまくからんで太い束ができて、大きなスクリューのようになるから、とても早く泳げるようになるの」

シュン「じゃ毛が多いとどうなるん？」

マイコ「毛の数が多すぎると毛どうしがからまってこんがらがって、うまく泳げなくなるの。逆にFliTが多すぎると、べん毛がほとんど生えないツルンとした泳げない細菌になっちゃうし。細菌が生き残るためにはFliTが少しだけ

あるようにしておくことがとても大切なのよ（図4）」

シュン「じゃあ、その FliT のはたらきを止めたら、毛がたくさん生えてくるということやね。ええこと聞いた。親父、喜ぶで。毛生え薬ができて大儲けできるぞ！」

マイコ「さっきも言ったけど……細菌の毛と髪の毛は違うから……。細菌は毛むくじゃらになるけれど、お父さんにはたぶん効かないわね」

シュン「うーん、残念」

[第16章]
少数の分子で機能する生物

石島秋彦
大阪大学大学院生命機能研究科

福岡 創
大阪大学大学院生命機能研究科

蔡 栄淑
大阪大学大学院生命機能研究科

　大腸菌に代表されるバクテリアは生物界では最も下等な生物といわれています。しかし、バクテリアも立派な生物で、外界の環境を認識する、外界の情報を体内に伝搬する、より良い環境に進んでいく遊泳能力をもつ（もたない種もありますが）、という人工機械にはとうていまねのできないシステムをもっています。そのような複雑な機構を1つの細胞、たかだかフェムトリットル（fL）というとても小さな空間内に構成しています。そのような非常に小さい空間ですので、構成するタンパク質も他の生物種に比べたらとても少ない数で機能しているといわれています（メチル化・脱メチル化タンパク質は100個程度、リン酸化タンパク質でも1000個のオーダー）。ここでのお話は、バクテリアの走化性、運動能力について。以下の母娘の会話から理解していきましょう。

　母親は某大学の教授、専門は生物物理学です。大の実験好きですが、最近、会議・レポート・報告書などで忙殺され、なかなか実験の時間がとれない状況にあります。娘は高校1年生、母親譲りで理系です。あまり実験などをする機会がありませんが、授業・テレビなどでいろいろな情報を得ています。

生物物理？

娘「ねえねえお母さん。お母さんは大学で何を研究してるの？」
母「私は生物物理学よ」

娘「生物物理？ そんな授業、中学でも高校でもないわよ。物理、生物ならあるけど……」

母「そうね、生物物理学は大学に入ってからだわ。こう考えてみたら？ 何でもいいけど、あることを研究するにはいろいろな考え方、手法があるわよね？」

娘「そうね」

母「たとえば、惑星の運動を調べるには数学とか、物理とかが必要だし、物と物との反応を調べるには化学が必要よね？」

娘「うん」

母「で、生命を調べるにもいろいろな手法や考え方があるの。生命を化学で見ていくと生化学で、数学で考えていくと数理生物学、物理現象として見ていくと生物物理学になるの」

娘「ふーん……。生物と物理って全く違う授業だと思っていた」

母「そうね、生命現象ってとても複雑でね、本当はいろんな学問を使って理解していかなければならないのよ」

下等な生物？　バクテリア、人工知能、脳研究

娘「で、お母さんはその生物物理学の中で具体的には何を研究しているの？」

母「お母さんはバクテリアの研究をしているのよ。とくに大腸菌（図1）」

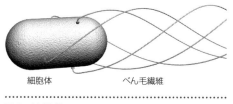

図1／大腸菌

娘「えー！ 大腸菌！ あの汚らしいの？？？」

母「そんなことないわよ。別に汚くないわよ」

娘「でも、もっとかっこいい研究だと思ってた。脳研究とか、人工知能とか、iPS細胞とか……」

母「そうね。生命科学に対する知識ってテレビの影響って大きいわよね」
娘「確かに。でもバクテリアってとっても下等な生物なんでしょ？ そんなものの調べて役に立つの？」
母「そうね。確かに iPS 細胞はすぐにでも人の役に立ちそうだわね。でもね、すぐに役に立たなくても、生物って何？ という大きなテーマにはとてもいい研究対象なのよ」
娘「……」
母「もう授業で習ったと思うけど、私たち生物をつくる多くの物質はタンパク質なのは知っているわよね？」
娘「うん、たしかアミノ酸からできていて、アミノ酸は20種類だっけ？」
母「そう、血液の中の酸素を運搬するヘモグロビンも、筋肉もタンパク質でできているし、免疫もタンパク質で担われているの」
母「大事なのは、地球上の生物はすべてこの20種類のアミノ酸からつくられたタンパク質が働いているのよ。だから、タンパク質がどうやってはたらいているかがわかれば、生物を理解するための重要な一歩となるのよ」
娘「ふーん、みんな一緒なんだ……」
母「そう、ゾウさんもチューリップも。ということは、すべての生物において共通の原理があるはずなのよ。ジャック・モノー先生って知っている？」
娘「知らない。……歌手？」
母「フランスの生物学者で、1965年にノーベル生理学医学賞を受賞したのよ」
娘「ふーん、偉い先生なんだ」
母「その先生が言われたのが、『大腸菌にあてはまることは、ゾウにもあてはまる！』なの[1]」
娘「なるほど。さっき言っていた、地球上の生物は共通の原理がある、ということね」
母「そうそう、だからその共通の原理を理解するには、複雑な脳でもいいし、単純なバクテリアでもいいのよ。それぞれの研究者が何を対象にするかは自由だし、それに対しての上下関係もないの」
娘「なるほどなるほど……」
母「お母さんは物事を理解するためにはできるだけ単純なものの方が理解しや

すいと思うの。確かに脳研究って面白そうだけど、それは別の研究者に任せるわ……」

娘「うーん、私もその血を受け継いだかしら……」

母「でもね、バクテリアが単純だとかいっても、私たちがバクテリアについて理解していることって、実はほんのちょっとなのよ。それに、バクテリアも立派な生物だから、ちゃんと子孫を残して、動いておいしい食べ物を探したりして、とってもすごいのよ！！」

娘「なるほどね……。確かにそう思ってみると、バクテリア、侮れないわね……」

小さい空間

母「ところで、大腸菌ってどのくらいの大きさか知っている？」

娘「うーん、とっても小さいというぐらいしか。顕微鏡でしか見えないぐらいで、具体的な大きさは……。知らなーい」

母「だいたいだけど、長さが2マイクロメートル（μm）、直径が1マイクロメートルぐらいのカプセル型をしているのよ、ちょうど薬のカプセルと同じような形」

娘「マイクロメートルって……1メートル（m）の1000分の1が1ミリメートル（mm）、その1000分の1だから……。1マイクロメートルってことはとてもとても小さいのね……」

母「じゃあ、何リットル（L）？」

娘「うーんうーん、カプセルなので、球と円柱だから……。（しばらくして）……10のマイナス15乗リットル？」

母「そうなの。フェムトリットル（fL）っていうのだけれど、とてもとても小さい体なの。その体の中で外の環境を調べたり、その情報を使って自分のいる環境が自分に合っているかを考えたり、好きな環境に進めるような装置（機械）があったりするのよ」

娘「すごくギュウギュウな感じね」

母「だからとっても小さな体の中で、たくさんの、いろんな分子がはたらいて

いるのよ」

走化性

娘「で、お母さんはバクテリアの何を研究しているの？」
母「メインは、走化性ね」
娘「走化性？？？？」
母「あなたがおいしいニオイにつられて、ふらふらとお店に入っちゃうのと同じよ。匂い分子がお店から空気中に発散されて、あなたの鼻まで届いて、あなたの中の脳が"これはおいしい匂い！"と判断して、あなたの足にお店に向かうように指令を出すでしょ？　大腸菌も同じように、栄養が豊富な場所を見つけて向かっていくの。他にも温度、pHなども感じるのよ。逆にいやなものからは逃げるというのも同じね」
娘「うんうん、よくわかる……ということは、バクテリアにも鼻、神経、運動器官みたいのがあるってことよね？　その小さな小さな空間に」
母「そう、厳密にはちょっと違うけどあるわよ。まず、鼻に当たるのがレセプター、日本語で言うと受容体ね。これで周りの化学物質なんかを見つけるの。脳・神経に当たるのが情報伝達システム、これは神経とはまったく違うメカニズムだけど、情報を伝達する、という意味では同じかな？　運動器官はバクテリアべん毛モーターという生物の中では珍しい回転モーターがあるわよ（図2）」
娘「ふーん、その神経とはまったく違うメカニズム、ってどういうの？」
母「普通、物や情報を運んだり、伝えるにはそれなりのお仕事をしなくてはいけないわよね？　たとえば、荷物を送るのに宅急便を使うのなら、人件費や交通費がかかるわよね？」
娘「確かにそうね。情報だって、スマホで情報を見るのには通信料がかかったり、バッテリーも必要。それに、通信会社だっていろいろがんばっているしね」
母「そうね、私たちの体の中も物が運ばれたり情報が伝わっているけど、タダじゃないわよね。肺から酸素を体の隅々まで送り届けるには心臓というポンプを動かして、血液を身体中に送らなくちゃいけないし、脳からの情報を伝えるのだって、エネルギーが必要よね」

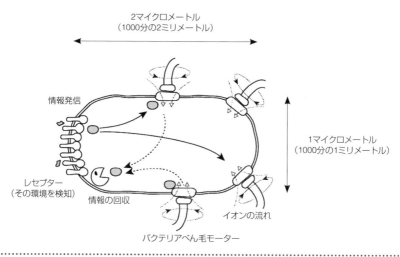

図2／ナノワールド 大腸菌

娘「あっ、それって ATP（アデノシン三リン酸）のことね」
母「そうそう、高等動物はそのために、神経や血管などさまざまな細胞が分化して、役割分担しているわけ」
娘「となると……バクテリアは単細胞だから1個の細胞でいろんなことをしなくちゃならないのね……」
母「そこが面白いの。バクテリアみたいな単細胞生物は高等動物とは違って、拡散運動でそれを行っているの」
娘「拡散？『拡散希望』とか？？？？」
母「たとえば、水槽にインクを一滴垂らすと徐々に広がっていくわよね？ あれって、何もエネルギーを与えなくてもインク分子が移動していることにならない？」
娘「確かに……。じわーっと広がっていく。何もしていないのに」
母「これが拡散っていう現象で、簡単にいうと、水槽の水分子がインク分子にランダムに衝突するからインク分子が徐々に広がっていくの。この現象を使えばエネルギーを使わなくてもインク分子を移動できるわ」
娘「なるほど！ タダで情報を伝えることができるなんて最高じゃない！ なんで高等生物はややこしい血管や神経なんてつくったのかしら？」

母「それは、この拡散現象が遠くまで物を移動させるには不向きなの。拡散による物の平均の移動は、実は時間の平方根に比例するの。例えば、ある情報伝達分子をバクテリアの端から端まで伝えるには1秒もかからないけど、情報伝達分子が1センチ（cm）移動するには2週間、1メートル（m）移動するには360年！もかかるの（図3）」

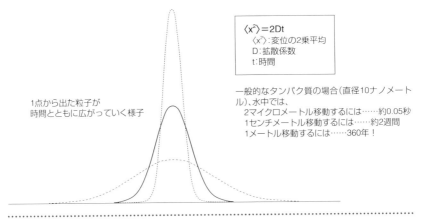

図3／拡散の様子

娘「へえーっ！　それじゃ、息を吸って、肺で酸素を取り込んで足の先に酸素が到達する前に寿命がきちゃうわ！」

母「そうなの。だから高等生物は大きくなるために費用をかけて輸送手段をつくり上げたの。逆にバクテリアみたいなとっても小さな生物の中では、物を運ぶのには拡散現象で十分なの。わざわざ費用をかけて輸送装置をつくっても、費用が無駄になっちゃうし」

娘「ふーん、生き物にとって大きさって大切なのね」

母「ただ、拡散現象だけで情報などがうまく伝達できるかというと、そうでもないの」

娘「そうなの？　せっかく満足していたのに」

母「例えば、情報を伝えるのに重要なのは何だと思う？」

娘「情報を伝える？　そうねえ……。正しい情報、的確なタイミング……なんかかしら？」

母「そうね。それに、切れの良さ、もあるんじゃない？」
娘「？？？」
母「たとえば、信号機が赤から青に変わるときに、赤信号がゆっくりと消えていったらどう？」
娘「とても使いにくい！　いつ横断歩道を渡っていいかがわからないわ」
母「そうなの。拡散も、ある地点で拡散が始まって、ちょっと離れた場所にいる人に伝わるのは結構切れがいいけど、逆に拡散したものがなくなるのには結構時間がかかるの」
娘「うーん、難しい……」
母「たとえば……あなたが今おならをしたとするでしょ」
娘「まあ！　失礼！」
母「たとえばの話。そうすると、ちょっと離れた場所にいる私はちょっと遅れて"くさい！"と感じるの」
娘「うなずいていいのか……」
母「いずれ、おならの分子は拡散によって広がって、私の周りからはいなくなるけど、それがとってもゆっくりなの……」
娘「いつまでもくさい！　ということね……」
母「そう、だから単純な拡散現象だけでは情報伝達システムとしては成り立たないの」
娘「となると、私がおならをした、という情報を伝えるためには、おならの分子が私にとどいた後で、うちわなどで扇いでおならの分子を私の周りからなくす作業も必要ね」
母「そうそう。だからバクテリアなどの単細胞では、情報を発信する機構、情報を消去する機構の両方が必要になるの。さらにこの２つの機能がうまくシンクロしなくてはならないの」
娘「ふーん、思った以上にとても複雑なのね、バクテリアって」
母「でしょ、まだまだ私たちが知らないことっていっぱいあるのよ」

レセプター

娘「お母さん、バクテリアの鼻はどうなっているの?」
母「基本的には高等生物と同じかも。匂いや味などの特定の分子を結合できる場所があって、結合した数に応じて反応するの」
娘「ふーん、そうなんだ」
母「ただ大腸菌で面白いのが、その感じることのできる分子の濃さね。ダイナミックレンジ、というべきかしら」
娘「ダイナミックレンジ?」
母「感じることができる最小値と最大値の広さというべきかな? バクテリアはうーんと低い濃度から、高い濃度まで感じることができるの。とってもおおざっぱにいうと、一般的には受容体は1桁ぐらいの濃度の差しか感知できないの」
娘「味覚でいうと、薄い! と濃い! の濃さ差が10倍くらいってこと?」
母「そうそう。だからもっと薄い場合はまったく感じられないし、逆にもっと濃い場合でも味がすることしかわからないのが普通なの。でもバクテリアは、だいたい10の4乗、1万倍ぐらいの濃さの違いを感じられるの」
娘「へぇー、すごいね……。でも、どうやって?」
母「いろいろなメカニズムが考えられるけど、協働性と適応が大きくかかわっているわ」
娘「協働性? 適応?」
母「たとえば自分ひとりでする仕事ってなかなか進まないわよね。けど、同じ仕事をみんなで協力し合ってすれば、あっという間に終わっちゃうわよね」
娘「確かに……。でもたくさん人がいても、みんながばらばらだったら全然うまくいかないわ」
母「そう、それが協働性よ。実はバクテリアってとっても小さいんだけど、レセプター分子が1万個ぐらいあるの。それがばらばらではなくて1か所にまとまっていて、みんなで手と手をとり合って協働的にはたらいて、周りの環境を広いダイナミックレンジで感じられるの」
娘「へぇーっ、すごい高級なことをしているのね」

[第16章] 少数の分子で機能する生物

母「だから、試験管の中の反応では濃度がとても重要になるけど、細胞の中では、濃度だけじゃなくって、分子が存在する場所、集まり方、協働性、タイミングなんかが、とっても重要で、さらにこれらがお互いに影響し合っているの。結構複雑でしょ！　しかも協働性が強いというのは、単純な濃度というより、みんなが協力してはたらくので、あたかもとっても少数の分子の挙動のような感じになるの」

娘「学校のクラスの中の誰かが匂い分子を感じたら、クラス全員が"くさい"と感じるみたいなことね。でもみんなで応答してしまったら、匂い分子が『ある－ない』のどちらかしか感じられないんじゃない？　バクテリアはどうやって広いダイナミックレンジをつくってるの？」

母「それは『適応』ね」

娘「適応？？」

母「あなたがケーキを食べた時、1口目はとっても甘いけど、2口目、3口目ってそれほど甘くない時ってない？」

娘「あー、あるある」

母「それが『適応』。大腸菌がある濃度の匂い分子を感じたとするわね。大腸菌も最初は匂い分子に反応するんだけれど、時間が経つと、匂い分子が自分の周りにあっても、匂い分子を感じなくするように走化性システムをリセットするの。そうすると次に、匂い分子が少ない環境、匂い分子が多い環境に移った時に、匂い分子の濃い、薄いを感じることができるの。あなたもケーキを食べた後で、もっと甘いケーキを食べたら、甘い、と感じるわよね。それと同じね。大腸菌は『適応』っていう機構を使って、外の環境を感じる範囲を変化させているの。だから、とっても広いダイナミックレンジで環境を感じることができるの」

（　　　　　　　べん毛モーター　　　　　　　）

娘「で、レセプターからの情報が細胞の中で拡散現象で伝わっていくわけね」
母「そうそう」
娘「その情報って、最後はどうなるの？」

母「バクテリアなりに、周りの環境を理解して、より好ましい環境に進んでいくのよ」

娘「"あっちのみーずはあーまいよ"、みたいな感じね。となると、進むための装置が必要ね」

母「そうなの、それがべん毛モーターよ」

娘「さっき、回転モーターと言ってたけど、何が珍しいの？」

母「そうね、私たちの周りを見たらこの世の中って回転モーターだらけよね。車のタイヤも、スマホの中のバイブレーターも回転モーターね。ただね、生物の中では回転モーターはとても珍しくて、まだ数種類しかないの」

娘「へえー、そうなの？　でも回転モーターは便利だから私たちの生活に使われているんでしょう？　なぜ生物は使わないのかしら？」

母「いろいろな考えがあって、たとえば、回転モーターをつくるには、軸と軸受けが必要よね。しかも摩擦が少なくて。そんな回転機械をつくるのはタンパク質では難しいのかもしれないわね。別の考えは、車がスムーズに動くためにはきちんとした平らな道が必要よね。でも、タンパク質の大きさで平らな道をつくるのはとても難しそうね。さらに、車が道の上を走るにはいつも道と接していないとだめよね？　それは重力があるからタイヤと道が接することができるけど、タンパク質がいる環境は水中で、ほとんど重力が効かないから、別の方法で道の上につなぎ止めておく方法が必要だわ」

娘「なーるほどね。生き物にとっては回転体の方が便利とは限らないんだわ。面白いね、ちっちゃな世界って。でもどうやって回転しているの？　よく見るモーターのように電気で動くの？」

母「それはね、細胞の外からイオン、大腸菌の場合は水素イオンが細胞に流れ込んで、その力で回転するのよ、ちょうど水力発電のタービンみたいに」

娘「へー！　水力発電！　なんかすごそう」

母「他の種、例えばビブリオ菌ではナトリウムイオンが流れ込むの」

娘「でも……どんどん流れ込んだら細胞の中はイオンでいっぱいになっちゃわない？　それに、どうしてイオンが流れ込むの？」

母「良い質問ね。確かに、どんどんイオンが流れ込んじゃったら大変ね。とくに、水素イオンの場合はpHに影響するわよね」

[第16章] 少数の分子で機能する生物　149

娘「そっか、水素イオン濃度がpHだったわね、この間授業で習った」

母「だから、せっせと流れ込んだイオンを外に汲み出す仕組みもあるのよ。そうすれば、細胞の中のイオン濃度が低くなるので、その濃度差を利用して流れ込むの。それを難しい言葉でいうとエントロピーなのよ」

娘「エントロピー？」

母「まあ……簡単にいうと、あなたの部屋がほっておくとどんどん散らかっていくことよ」

娘「？？？」

母「それと、水素イオン、ナトリウムイオンはプラスに帯電しているから、細胞の中をマイナス状態にすると、イオンが細胞の中に引き寄せられるの。そうやっていろんな仕組みをつくり上げてモーターを回しているのよ」

娘「へえー。それでモーターを回して、どうやって進むの？　スクリューがついているの？」

母「スクリューはついていないけど、長ーい、らせんの毛がモーターについているので、それを回すことによって進んでいるのよ」

娘「そういえば、好ましい環境に進んでいく、と言っていたわよね？　レセプターで感知して、細胞の中で情報を伝搬して……。じゃあ、もうひとつ舵もあるわけよね」

母「ところがそうじゃないの。バクテリアには船のような舵はないの。その代わり、モーターの回転を時計回り、反時計回りに切り替えるんだけど、モーターの回転が切り替わる時にね、水の影響を受けて細胞の体の向きもランダムに変わるの。そうするとね、泳ぐ向きもランダムに変わるの。バクテリアはね、環境によってモーターの回転が切り替わる確率を変えて、自分が行きたい方向へ進んでいくのよ。自分の好きな環境に向かっている時はモーター回転の切り替えを少なくしてスーッと進んで、自分の嫌いな環境に向かっている時はモーター回転の切り替えを多くして、いろんな細胞がいろんな方向に向くようにして、といった感じね」

娘「へえー、面白いわね。そんな船、見たことない。となると……イオンが流れてモーターが回転するのだから、回転が逆転する際には、イオンは内から外に流れるの？」

母「実はそうじゃないの。今わかっているのは、イオンの流れはいつも外から内。モーターのどこかにバックギアみたいのがあって、回転を逆転しているみたいなの。まだこのメカニズムはよくわかっていないわ」

娘「へー、まるで車のギヤチェンジみたいね。たしかに車のエンジンの回転方向は変わらなくても後ろに進めるわよね」

母「さっき話していたレセプターからの情報が細胞内を拡散してモーターに伝わるのだけど、それも面白いことに、ほんの少しの情報をもった分子がモーターに結合するだけで、どうもギアチェンジするみたいなの」

娘「それ……さっき話に出ていた協働性?」

母「そうそう。まだこのメカニズムはよくわかっていないけど、いろんな研究者が調べているわ」

*

娘「なるほどね……。バクテリアといって侮ってはいられないわね。細胞の大きさがマイクロメートル程度なのだから、その中ではたらく環境といったらもっと小さい、ナノメートルの世界でいろんなことが起こっているのね」

母「そうなの! 下等な生物であるバクテリアだけど、実は1つの細胞がちゃんと意思をもって行動してるし、その細胞の中のナノワールドには、まだまだ私たちがまだ知らない、理解できていない世界があるのよ。のぞいてみたくなるでしょ」

娘「うんうん。ねえ、今度研究室に遊びにいってもいい? ちょっと興味がわいちゃった。それに、大学の中ってどうなっているかもよく知らないし。おいしいレストランなんかもありそうね!」

文献

1. カール・ジンマー(矢野真千子訳)(2009)。大腸菌―進化のカギを握るミクロな生命体。NHK出版。

[第17章]

少数でつくれるか？ 体をつくる細胞数
大きな数と小さい数

堀川一樹
徳島大学医歯薬学研究部
光イメージング研究分野

　本書ではここまで、細胞をつくる単位である核酸分子やたんぱく質分子の数の重要性を見てきましたが、私たちの体とその構成単位である細胞の数についても同様の問題が存在します。例えば、大小さまざまな大きさの多細胞生物は、いったい何個の細胞からできているのでしょうか？　ヒトの体がとてもたくさんの細胞からできていることは知っていても、その数がいかに大きな数か想像できる方はかなりの事情通です。ヒトよりもずっと原始的な生物の細胞数は、とても少ない数であることを知っていても、その正確な数までは知らないはずです。ここでは、食卓での親子の会話を通じ、さまざまな生物の細胞数が、お碗一杯のご飯粒に比べて、どれくらい多く、どれくらい少ないのか考えてみることにします。

〜食卓にて〜
息子「ご飯おかわり」
母「どれくらい？」
息子「ふつうで」
母「はい、これでいい？」
息子「たったこれだけ？　少ないなぁ」
母「不満そうね。がっかりするくらいなら、どれくらい欲しいのかはっきり言ってよ（怒）」
父「ご飯の量なんかでもめるなよ。多い、少ないなんて人によって違うんだか

ら」

息子「じゃあ、どう言えばいいの？」
父「重さはどう？」
息子「お碗1杯分のご飯の重さなんて知らないよ」
母「私だって、ご飯よそうのに秤なんて使いたくないわよ」
父「それなら、ご飯粒の数とかは？」
母・息子「それって、もっと面倒じゃない！」

細胞の「数」にみる生物らしさ

父「いやいや、数ってとても大事なんだよ。みんなの体が細胞からできてることは知ってるよね。」
息子「それくらい常識だよ。筋肉とか神経とかみんな細胞でしょ」
父「じゃあ、ヒトの体は何個の細胞からできてるか知ってるかい？」
息子「聞いたことあるけど、確か60兆個だったっけ？」
父「だいぶ長いこと60兆個といわれてきたけれど、それ古い情報だね。2013年の研究で、半分ちょっとの約37兆個になったんだ[1]」
息子「そうなんだ。兆とかいわれても想像すらできない多さだけど、ちゃんと調べたら半分くらいだったということか。意外と適当なんだね。でもそれだけのたくさんの数をどうやって数えたの？」
父「もしご飯粒みたいに1個ずつ数えあげてたら、毎秒1個ペースで110万年かかる計算になるね。毎秒580個にペースを上げたとしても2000年かかるから、37兆って、とてつもなく大きな数であることがわかるだろ」
息子「そうすると、37兆個は1つずつ数えたわけではないってこと？」
父「そうなんだ。簡単にいうと、心臓や脳などの臓器ごとに細胞の密度と体積を調べて、あとはその掛け算でおおよその数を求めたんd。ちなみに60兆個という昔の数字は、細胞1個の標準的な重さを1ナノグラム（ng = 10^{-9}g）と見なし、これで標準的な体重60kgを割り算するという大雑把な計算方法だったんだ。これを臓器ごとに詳しく計算しなおした結果、37兆個が導き出されたことになるね」

息子「じゃあ、37兆個というのもまだまだ曖昧さがあって、もっと正確に数えたら違う数になる可能性があるってことか。世の中にあふれている数にはいい加減なものもあるので、何でもかんでも信じたらいけなさそうだね」

父「まったくそのとおり。ただし、いくつかの研究から独立に、ヒトの総細胞数は数十兆個という見積もりがなされているから、少なくとも桁が変わることはなさそうだけどね。どんな対象でも、正確に数えることはとても大変で、科学のテーマとしては挑戦的な課題なんだ。10年後にはヒトの細胞数がどうなっているか楽しみだね。ところで数の話題ついでに、ヒトの体には何種類の細胞があるか知ってるかい？」

息子「細胞の種類って、筋肉とか神経とかいうあれ？」

父「それそれ。ヒトの場合、大きな分類でも約300の異なる細胞があるとされているんだ。37兆に比べたらずいぶん少ない数だけど、神経、筋肉、血球と数えていっても、思いつくのはせいぜい10種類くらいだろうから、ずいぶんとたくさんの種類の細胞がいるってことがわかるでしょ。ここで、さっきの37兆を細胞の種類ごとに分けてみると、数が一番多いのは赤血球で、その数なんと26兆個にもなるんだ」

息子「ヒトの体は3分の2が赤血球ってことか。逆に最も数が少ない細胞は何なの？」

父「数が少ないのは卵のもとになる細胞で、思春期を過ぎた女性には約20万個の卵細胞があるといわれてるよ」

息子「20万かぁ。兆に比べればだいぶ少ないけど、それでも結構な数あるんだね。ヒトの体をつくるにはとてもたくさんの細胞が必要そうだけど、最低で何種類の細胞が何個あれば十分なんだろう？」

父「数が少ない方向に興味がありそうだね。それなら、線虫がいい例になるかな」

息子「線虫って、虫の仲間？」

父「虫ではないんだ。土の中でバクテリアを食べて生活する線形動物と呼ばれる動物で、その名のとおり、細い糸みたいな形をした生物なんだ。その仲間の、シー・エレガンスという1ミリ（mm）くらいの透明な体をもつ線虫はとてもよく研究されていて、体をつくる細胞の数が正確にわかっているんだよ。雄で

は1031個、雌雄同体では959個の細胞からできているんだ」

息子「ん？　さっきまでは『約』ってついていたのに、急に自信に満ちた数になったね」

父「シー・エレガンスもヒトや他の動物のように1個の受精卵が分裂してその数を増やしながら体ができていくんだけれど、いつどこで何回分裂するか驚くほど正確に決まっていて、どの個体でも細胞の数がぴったり同じになるんだ」

息子「生物っていうよりロボットみたいだね」

父「確かに、エラーがほとんどないという点ではロボットのような生物といえるね。1000個ほどのすべての細胞に名前が付いていて、細胞の種類も合計17種に分類されているんだ。このうち数が最も多いのは神経細胞で302個。その仲間のグリア細胞は56個で、筋肉細胞は95個。逆に、数が少ないのは生殖細胞のもとで、たった2個しかないんだ。ちなみに、このシー・エレガンスの研究からは細胞が自殺する仕組みが明らかになっていて、ノーベル賞が与えられるほどの大発見もされてるんだ」

息子「なじみのない生物でも役にたっているんだ。それにしても、全種類の細胞を1個ずつあつめて線虫をつくろうとしたら最少でも17個の細胞が必要ということになるね」

父「神経や筋肉が1細胞ずつしかなかったら、とても生きていけないだろうけど、何個あればいいのか、という切り口は鋭いね。何個の神経細胞があれば知性が生まれるか、赤血球は何個に減っても貧血にならないか、何種類の細胞が何個ずつ合計何個集まれば生物としての機能を発揮できるのか、はどれも大事な問題だからね」

息子「いったい何個の細胞があれば生物として生きていけるの？」

父「最少はもちろん1個だよ。単細胞生物って聞いたことあるはず。大腸菌とか酵母とかは1個の細胞でも生きていけるのは知ってるよね」

息子「でも、細菌とヒトは全然違うじゃない」

父「確かにそうだね。単細胞の対義語は多細胞というんだけど、細胞数が最少の多細胞生物は何か考えてみよう。そもそも多細胞体制というのは、役割の異なる細胞が複数個集まり、それらが協力することではじめて生命を維持している状態のことなんだ。つまり細胞1個ずつバラバラにすると生きていくことが

できない生物と言い換えることもできるんだ。単細胞生物のように同じ種類の細胞がたくさん集まっただけでは、多細胞生物とは呼べないね。それで、多細胞体制をとる最少の細胞数からできている生物は何かってことだけど、ボルボックスって聞いたことあるかい？」

息子「高校生物の教科書に載っていた気がするな」

父「ボルボックスは、水田とかにいる10分の1ミリくらいのマリ玉みたいな緑藻で、鞭毛と呼ばれる2本の毛がはえた小さな細胞が数千個あつまった生き物なんだ（図1）。細胞の1つひとつはクラミドモナスという単細胞生物にとてもよく似ているんだけど、ボルボックスはバラバラにすると生きていけないので、多細胞生物に分類されているんだ」

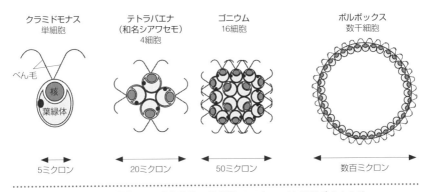

図1／異なる細胞数から構成される多細胞性の緑藻類。1ミクロンは1000分の1ミリ。

息子「数千細胞なら線虫より多いから特別な面白さはなさそうだけど？」

父「面白いのはここから。ボルボックスと同じように、クラミドモナスに似た細胞からできてはいるけど、細胞数が128ないし64個のプレオドリナ、32個のユードリナ、16個のゴニウムとか呼ばれる仲間がいるんだ（図1）」

息子「2倍ずつ細胞の数が変わっていくなんて、細胞の数の進化を表しているみたいだね」

父「そのとおり。どの仲間も単細胞生物であるクラミドモナスから進化してきたと考えられているんだ。体を構成する細胞が2倍ずつ増えていくことから、最少では2細胞からできた多細胞生物がいそうな気がするよね。でも今のとこ

ろはまだ発見されていなくて、細胞数が最も少ない多細胞生物は、4細胞からできているシアワセモとされているんだ（図1）」

息子「たった4個の細胞とはかなり少ないね。バラバラでは生きていけないけど、4個が協力してはじめて生きていけるっていうのは、生き物らしい感じがするね」

父「生物らしさを理解しようというとき、細胞の数に注目することはいい切り口になるんだ。実際、何個の細胞が集まれば新たな機能を獲得できるのかを多くの科学者が研究しているくらいだからね」

息子「ただ数を数えるのではなく、協調がうまれる最少の数を調べようってことか。そうすると、細胞の数を自由に操作できればもっといろんなことがわかりそうだね」

父「残念ながら、線虫をはじめ、ほとんどの動物は体をつくる細胞数が厳密に決まっているせいで、細胞数を操作することが難しいんだ。だけど、体をつくる細胞数を自由自在に変えられる生物は？　という見方をするとき、細胞性粘菌という単細胞としても多細胞としても生きていける生物ならいい材料になるんだ。細胞性粘菌はそのへんの落ち葉の下にも見つかる、とても身近な生物で、細菌とかを食べて増殖する間は単細胞生物として振る舞う一方、栄養がなくなってくるとたくさんの細胞が集まって子実体というキノコのような形の多細胞体をつくるんだよ（図2）」

息子「へぇー。生きながらにして単細胞から多細胞生物に進化しているみたいだね」

父「そうだね。全滅しないための生存戦略として仲間を集め多細胞化し、乾燥や飢餓にも耐えることができる胞子をつくるんだ。このとき、柄になる細胞は死んで硬い殻だけ残すことで胞子を地面から持ち上げ、胞子が新しい環境中にばらまかれることを助けるんだ。つまり、もともとは同じ細胞のクローン集団だったのに、一部の細胞は子孫を残すため胞子になって、残りは自分の分身である胞子のために自己犠牲に徹するという社会性をもっていることから社会性アメーバとも呼ばれるんだ」

息子「細胞の社会にも助け合いの精神があるってことね」

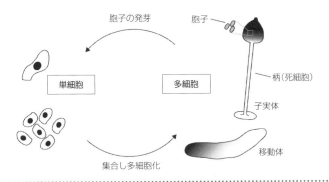

図2／細胞性粘菌は単細胞／多細胞体制の両方の性質をもつ。細胞性粘菌は、高栄養条件では単細胞として増殖するが（左）、飢餓状態になると、増殖を停止するとともに集合し多細胞化する（右）。最大1万細胞程度からなる移動体を経て、胞子と柄から構成される子実体をつくる。

「社会」を構成する最小の数

父「ところで、この社会性アメーバにはユニークな特徴があって、どんなサイズの多細胞体でもつくることができるんだ。生まれたての動物のサイズって、大体決まっているよね。ヒトの赤ちゃんなら、皆3000グラム前後で生まれてきて、体重や身長が10倍違う赤ちゃんが生まれてくることなんてないでしょ。でも社会性アメーバは、1万（10^4）個の細胞でできた特大の子実体から、数百（10^2）個の細胞からできた小さな子実体までつくることができるんだ。しかもこの時、胞子と柄の比率が常に4：1と一定に保たれているんだ。いまの科学では、同じサイズの体を再現性よくつくり出す仕組みについては大体理解できているんだけど、同じパターンを保ちながら100倍も違うサイズの体を自由自在につくり出すための仕組みはほとんどわかっていないんだ」

息子「大人と子どもで大きさが違うのは当たり前だけど、生まれる時の体のサイズが違うのは当たり前ではないってことね」

父「社会性アメーバは、卵から生まれてくるわけではないけど、ここではその理解で十分。それで、この社会性アメーバを使うと、どれくらい少ない数の細胞でちゃんとした多細胞体をつくることができるのか調べることができるんだ。結果を先に言ってしまうと、細胞数が100個までは胞子と柄の比率を4：1に

保ったままちゃんとした子実体をつくることができるけど、細胞数が少なくなるにつれて胞子の比率がだんだん小さくなり、しまいには3個の胞子を16個の柄細胞が支える極小の子実体になってしまうんだ。つまり社会性アメーバが2種類の細胞を分化させるためには、最低でも19個の細胞が必要だということになるね（図3）」

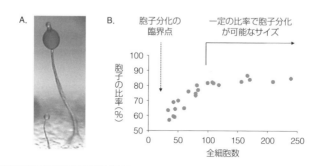

図3／細胞性粘菌の多細胞体では、胞子への分化能力がシステムサイズに依存する。A：大きさの異なる子実体。巨大なものは約1万細胞、小さなものは数百細胞からなる。B：子実体を構成する全細胞数に対し、胞子の分化比率をプロットしたグラフ。100細胞以上の子実体では、一定の比率で胞子をつくることができるが、これ以下の小さな子実体では、胞子の比率が減少する。18細胞以下では胞子が形成されず柄のみとなることから、19細胞が胞子分化の臨界点となる。

息子「19細胞に足りなければどうなるの？」

父「この場合は胞子をもたない柄だけの構造ができるんだ。つまり、すべての細胞が自己犠牲側にまわってしまって、胞子をつくることができなくなるんだ。というわけで結果的には、社会として全滅することになるね」

息子「細胞数19個というのが、利己性と自己犠牲のバランスの分かれ目になるってことか」

父「人間社会でも、1人では何かを成し遂げるのが難しくても、たくさんの人間が集まればできるようになることって多いよね。同じように、細胞や細胞の材料であるタンパク質分子についても、その数を正確に数えたり、数を自由自在に操作したりすることで、協調の仕組みがどんどんわかるようになると期待されてるんだ」

息子「なんだか数に興味がわいてきたから、ご飯の粒も数えてみるよ」

〜翌朝〜

息子「お碗1杯分のごはんは全部で2876粒だったよ。3時間もかかって大変だったけど、数のことをとてもリアルに考えられるようになった気がするよ。おかげでしばらくご飯粒を見たくなくなったから、朝食はパンにしようっと」
父「じゃあ、小麦何粒あれば1枚分の食パンになるんだろう？」
息子「数が大事なことはよーくわかったから、もう勘弁して……（涙）」

引用文献

1. Bianconi E, Piovesan A et al (2013). An estimation of the number of cells in the human body. *Ann Hum Biol* 40(6): 463-471.

[第18章]

細胞の中に流れる時間
分子が数える1日の時刻と概日時計

大出晃士
東京大学大学院医学系研究科・
理化学研究所生命システム研究センター

上田泰己
東京大学大学院医学系研究科・
理化学研究所生命システム研究センター

私たちはみな、24時間周期で自転する地球に生きている

　秋の気配が漂う9月早朝、いつになく朝早く大学に出勤した下入は、窓の外に広がる朝焼け空を見て、懐かしい景色だ、と思った。今でこそ大学教授として研究室を運営する下入だが、学生の時は徹夜で実験をして、朝を迎えることもあったものだ。朝日は昔を思い出させる。下入の研究室は、概日時計と呼ばれる現象を研究している。地球上に生きるすべての生物は、朝に日が昇り、夜に日が沈む24時間周期の地球環境のリズムに従って生きている。私たち人類や、それから今、窓の外でさえずっているスズメも、朝になると自然と目を覚まし、夜になると眠りにつく。夜行性のネズミは、逆に夜になると動き出す。生活リズムは生き物によってさまざまだが、みな、寝たり起きたりを一定のリズムで繰り返す。当たり前すぎて、普段意識することは少ないが、この体のリズムを生み出しているのが概日時計だ。

「おはようございます！」
不意に、元気な女性の声が静寂を破った。大学1年生の大田恵だ。夏休みを利用して研究室で実験の手伝いをしている。

「先生、今日は随分と早くいらしたんですね」
「午前中に終わらせたい仕事があってね。恵さんは、いつも早起きですね」
「朝7時くらいに、勝手に目が覚めるんです。スマホのアラームもかけてな

いし、部屋のカーテンも閉めて真っ暗にしてるんですけど。これって、概日時計のはたらきですよね！　朝がくるのを体が予感してるんですかね〜」

「予感というのは、良い観点ですね」

彼女は、時折、本質的なところを指摘するな、と下入は思った。恵が研究室に滞在しはじめたのは、下入の講義の試験結果が悪く、再試験へ向けていろいろと質問をしにきたのがきっかけだったが、話してみれば、なかなかどうして好奇心旺盛な学生である。暗記は苦手らしいが、興味のあることはとことん追求するタイプだろう。もしかすると素晴らしい研究者になるかもしれない。

「概日時計、あるいは体内時計と呼ばれることもありますが、簡単にいうと、私たちの体には1日の時間を測る時計のようなはたらきが備わっている、という話はしましたね。恵さん、腕時計はしていますか？」

「いやぁ、していないです。スマホで時間は見れますし。そういえばこの前、ネットの記事で腕時計をしておくのは社会人のマナーだと読みましたけど、やっぱりそうなんですか？」

「どうでしょうね、マナーや常識というのは時代とともに変わりますから。とはいえ、腕時計はしていなくても、携帯電話で時間を見るわけでしょう。例えば、ほら、お昼12時過ぎには食堂が混むから、早めに食堂に並んでおこうとかね。自分で時計をもっているから、次に起きることを予想して行動できるわけですね」

下入はそう言うと、研究室の端に置かれていたホワイトボードに図を描きはじめた（図1）。

体がもつ1日の時間を測る時計

「先ほど、恵さんはカーテンも閉めているし、アラームも鳴っていないけれど、目が覚めると言いましたよね。これは、少し硬いいい方をすると、環境からの時刻情報が少ない、といえます」

「今、何時か知るための手がかりがない、ってことですか？」

「そうそう。ただし、普通に生活していれば、朝には、鳥の鳴き声や新聞配達の音もするでしょうから、手がかりがまったくないというわけでもない。概

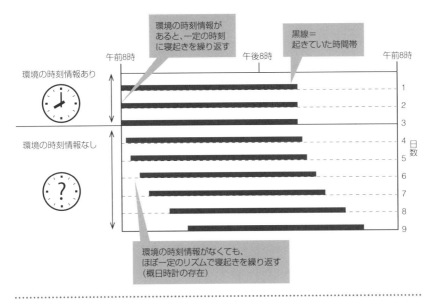

図1／環境の時刻情報と概日時計。

ね24時間おきに外の明るさや食事など、いろいろなイベントが周期的に起きるわけです。では、完全に環境の時刻情報を無くしたらどうなるか。外から音も光も届かない、食事もいつでも好きな時に食べられるといった具合に、完全に外の世界と隔離された部屋でしばらく……、そうですね、10日間ほど生活したらどうなるか、わかりますか？　もちろんスマホなんて持ち込めないし、テレビもないですよ」

ふーん、と恵はしばらく考え、口を開いた。

「……まぁ、まず暇すぎで死にそうになると思います」

「暇でしょうね」

日々メールや会議に追われる大学教授からすれば、10日間くらいなら外界と隔離された生活もしたいものだ、と下入は心の中でつぶやいた。

「それで、寝起きの時間はどうなると思います？」

「そうですねぇ。私の場合は、アラームなくても起きれるし、ずっと起きてたらそのうち眠くなるし、やっぱり夜寝て朝起きる気がします」

「そのとおり。実際にこういった、隔離実験と呼ばれているのですが、環境

の時刻情報をなくした状態で人に生活してもらう実験が行われています[1]」
下入は、ホワイトボードに図を描き足しながら続ける。

「光、音、食事、あるいはテレビなど、時刻を知る手がかりがなくても、人はほぼ24時間周期で寝たり起きたりを繰り返すのですね。言ってみれば、自分の体に時計をもっているんですね。こういったはたらきは、おおよそ1日の長さ（概日）の時計、という意味で、概日時計と呼ばれています。それで、海外旅行のように突然、環境の時刻が変わると、体の時計と環境の時刻がずれて時差ボケになるわけです」

「なるほど、確かに、行った先の国で、暗くなったら寝れば済むはずなのに、実際は、体に時計をもっているからこそ、日本にいたときの時刻を引きずってしまうと」

概日時計は全身の細胞に備わっている

「それで、その時計は、どこにあるんですか？」
間髪入れずに、恵が問いかける。

「全身のほぼすべての細胞です。私たちの体が細胞からできているということ、細胞ではDNAから多くの遺伝子がメッセンジャーRNA、そしてタンパク質として読み出されているということは、知っていますね」

「ええ、遺伝子発現ってやつですね。先生の講義で習いましたよー」

「よろしい。例えば皮膚の細胞や、肝臓の細胞といったような、体のさまざまな場所の性質をもった細胞の多くは、シャーレの上で育てる……つまり培養することができます。そこで、培養しながら遺伝子発現の様子を観察すると、驚いたことに多くの遺伝子が、およそ24時間周期で発現量が変化することがわかったのです。例えば、昼1時に多く発現する遺伝子や、夜の8時に多く発現する遺伝子、といった具合です。もちろん、細胞には目も耳もありませんから、環境の時間情報を受け取らなくても、自分で24時間周期を刻んでいるということになりますね」

「へぇそれは、びっくりですね!!」と、恵は大げさに驚いた。

「体を形づくる1つひとつの細胞が時を刻んでいる、ということは、哺乳類

では20年前くらいにわかってきたのですけれど[2]、当時の研究者は、みな驚いていましたよ」

概日時計の動く仕組み——概日時計は砂時計？

下入は、なぜ細胞の中で遺伝子発現に24時間周期のリズムが生まれるのか説明を続けた。

「遺伝子は、適当に発現するのではなく、タンパク質によってオン、オフが制御されています。例えば、特定のタンパク質があると、特定の遺伝子が発現しなくなる、ということが起きます。この時、発現が調節されるターゲットの遺伝子の中に、自分自身が入ることもありうるわけです。概日時計の働きで特に大事なのが、自分自身の発現を抑制する遺伝子です」

「自分で自分の発現を抑制するタンパク質ですか。なんか無駄なことをしている気もしますけど……」

「それが、無駄ということもなくて、この性質が時計のように一定のリズムで繰り返す振動現象を生み出すのに重要なのです」

下入はホワイトボードを使って説明を続けた（図2）。つまりこうだ。今、遺伝子aから（mRNAを経て）タンパク質Aが発現するとする。タンパク質Aはいくつかの遺伝子の発現を抑制するが、その中には遺伝子aも含まれる。すると、タンパク質Aが多いときには、遺伝子aの発現が抑制されるので、いずれタンパク質Aの量も減っていく。タンパク質Aが減ると、遺伝子aの発現抑制が解除され、タンパク質Aの量は再び増える。このようにして、タンパク質Aの量は増減を繰り返す。

「こういった自分で自分を抑制するはたらきを持ついくつかの種類のタンパク質、私たちは時計タンパク質と呼んでいますけれど、その時計タンパク質によって概日時計のリズムが生み出されていると考えられています」

「量が増えたり減ったりで、細胞の時間が生み出されている、と。砂時計みたいな感じですかねー。しかも、この砂時計は、ひとりでに勝手に増えたり減ったりを繰り返すと」

[第18章] 細胞の中に流れる時間

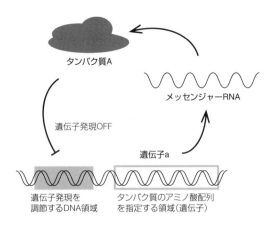

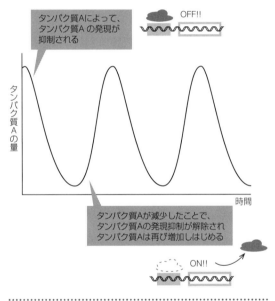

図2／時計タンパク質により概日時計のリズムが生み出される。

概日時計タンパク質の数から浮かび上がる新たな疑問

「そう、砂時計というのは、イメージしやすいですね。ただ……」
下入はそう言って、本棚に置かれていた小さな砂時計を持ってきた。

「この砂時計がそれなりに正確に時間を測れるのは、砂がたくさん入っているからだ、ということはわかりますか？ 例えば、砂時計の砂1粒に注目すると、それがいつ上から下に落ちるかというのは一粒一粒違っていて、バラバラですよね。ただ、すぐ落ちるものも、なかなか落ちないものも合わさって、いろいろな砂粒が下に落ちきる時間がほぼ一定になっています」

「考えたことなかったですけど、確かにそうかも。体育館に全校生徒が集まるのにかかる時間は毎回ほぼ一定だけど、友だち3人が駅前に集合するのにかかる時間は、けっこうバラバラとか、そういうことですか？ たまたま全員が遅刻したり」

「そう、数が多いほうが、何かが起きるのに必要な時間のばらつきは少なくなるように思います。ところが、実際に細胞内に何分子あるのか測ってみると、とても大事な概日時計タンパク質は1細胞あたり、1日の中で多い時間帯でも2万分子、少ない時間帯だと2000分子程度しかなさそうなのです[3]。発現量は先ほども説明したように、24時間で増えたり減ったりを繰り返しますからね」

「2000から2万分子しか？……って、結構多いような気がしますけど」

下入は、そう思うのも無理はない、といった様子で、笑った。

「ちょっと強引でしたね。恵さんが昨日読んでいた『少数性生物学』の本にも、大腸菌の話が出てきたでしょう」

「べん毛の数が数本、とか、ですね！」

「大腸菌などの微生物に比べて、哺乳類の細胞は大きいですからね。だいたい体積でいえば、哺乳類の細胞は大腸菌の1000倍くらいの大きさがあります。ですから、2000分子が哺乳類細胞にあるのと、2分子が大腸菌にあるのと、同じくらいの濃度ということになります」

2000や2万という分子の数を多いと考えるべきか、少ないと考えるべきかというのは、これからの研究テーマのひとつだ、と下入は言った（図3）。

「それに加えて、多くても2万分子くらいの数の時計タンパク質が、DNAの1万か所くらいの場所に結合して、遺伝子発現を調節していることがわかってきました[4]」

「と、いうことは、時計タンパク質の分子数は、相手の数と同じくらいか、それよりも少ない時間もある、ってことですか。時計タンパク質は大忙し、し

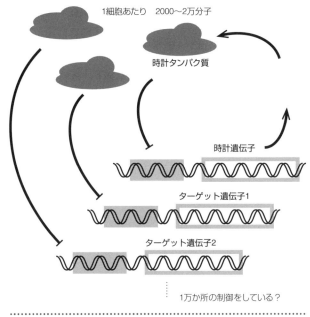

図3／概日時計タンパク質の数は「少数」といえるのか。

かも責任重大」

「そうなんです。だから、やはり、2000から2万個の時計タンパク質1つひとつが、それぞれ24時間周期のリズムを生み出しているのかもしれませんね。私たちがそれぞれ時計をもって生活しているように。友だち3人が駅に集まるときも、全員が時計を持っていれば、正確な時間に集まれますよね。同じように時計タンパク質1つひとつも、時間を数える性能があるのかもしれません（図4）」

「タンパク質一つが時間を数える！　なんか信じられないです」

「確かに、不思議です。しかし、哺乳類ではないですが、シアノバクテリアと呼ばれるある細菌では、タンパク質自体の形が、24時間周期で変化していることがわかってきました。しかも、この変化はそのタンパク質が自分で生み出していることで、細菌からそのタンパク質を取り出してきても、やっぱり24時間周期で形が変わりつづけるのです[5]」

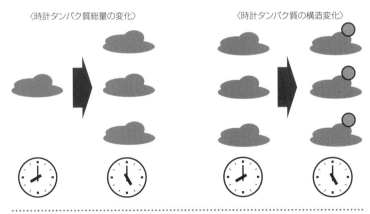

図4 ／時計タンパク質は数量変化だけでなく個々に構造を変えることで時間を数える。

「砂時計を壊して、砂を見てみたら、実は砂の色が時間とともに移り変わっていたと。それなら、大量の砂がなくても時間を数えられますね。どうやってそんなことができるんですか？」

下入は、シアノバクテリアではタンパク質の状態がリン酸化と呼ばれる化学修飾によって変化することが重要ということを解説した。しかし、私たちヒトを含む哺乳類では、実際のところ、どういった化学反応が24時間周期を生み出すのに大切なのかは、わかっていないという。

「分子の数を数えること、数えた分子1つひとつの様子をしっかりと観察すること。それができれば、何が1日の時間を数えているのか、その答えに近づけるはずです。まだまだ、研究が必要です」

「面白そう！　私もそれ、研究しようかな。何から勉強したらいいですか？」

「そうですね……まずは概日時計について詳しくなることですね」

下入はそう言って本棚にある、何冊かの本を取り出した[6)-8)]。そして、こうも付け加えた。

「でも、忘れてはいけません。本当に大事なこと、面白いことは、まだわかっていないことの中にあるのです。だから、本や教科書に書いていないこと、テストに出ないことなんです。おや、そろそろ先輩方が来ましたよ。今日は細胞培養を先輩とするのでしたね」

さて、と下入は一息つくと、コーヒーを片手に仕事に取りかかった。まずは、

[第18章] 細胞の中に流れる時間　171

いくつかの原稿を仕上げなければいけない。執筆要項には、対話形式をうまく取り入れて高校生から大学生にもわかりやすく概日時計の魅力を伝えてください、とある。さてどうしたものか、とつぶやいて下入はコンピューターに向かい、深遠な概日時計の魅力を伝えようと腐心するのであった。

文献

1. Aschoff J (1965). Circadian Rhythms in Man. *Science* 148: 1427-1432.
2. Balsalobre A et al (1998). A serum shock induces circadian gene expression in mammalian tissue culture cells. *Cell* 93: 929-937.
3. Narumi R et al (2016). Mass spectrometry-based absolute quantification reveals rhythmic variation of mouse circadian clock proteins. *Proc Natl Acad Sci USA* 113: E3461-E3467.
4. Koike N et al (2012). Transcriptional architecture and chromatin landscape of the core circadian clock in mammals. *Science* 338: 349-354.
5. Nakajima M (2005). Reconstitution of circadian oscillation of cyanobacterial KaiC phosphorylation in vitro. *Science* 308: 414-415.
6. 田澤仁(2009)。マメから生まれた生物時計—エルヴィン・ビュニングの物語。学会出版センター。
7. 海老原史樹文、吉村崇 編(2012)。時間生物学。化学同人。
8. 岡村均、深田吉孝 編(2004)。時計遺伝子の分子生物学。丸善出版。

おわりに

　『少数性生物学』、いかがでしたでしょうか。
　本書には、「少数性」とともに、「個性」「協働性」といったキーワードがちりばめられていますが、実は、これらの研究自体、個性ある（どなたとは申しませんが個性ありすぎる）メンバー間の協働により進められてきたものです。そもそも「少数性生物学」研究に参入したきっかけもさまざまです。私にとっては、十数年前にシミュレーションの結果に現れた何やらわけのわからないデータでしたが、当時は「机上の空論」であったものが、こうして実験とつながる研究の仲間になりました。本書の18の章の著者、それぞれの着眼点や思想と、その間のつながりとを感じていただけたなら幸いです。
　さて、こうして教科書のような体裁の本にまとめられると、何やら定まった分野のように感じてしまいがちですが、生命現象に隠れた少数たちを訪ねる旅はまだ続いています。とくに、分子・細胞・組織・個体・社会と、それぞれの階層に通ずる少数の論理があるのか、はたまた各階層の少数がばらばらに振る舞っているのかは、まだまだこれからの課題です。すべての階層に通ずる法則があってほしいような気がしますが、それぞれの階層で関係性に特徴があるのも生命システムの魅力的な点で、悩ましいところです。この旅に加わる仲間を、今もなお求めています。

　本書の出版にあたっては、当初の企画をいただいて以来1年半の長きにわたり、日本評論社の永本潤氏にご尽力いただきました。本書で紹介された研究の多くは、文部科学省科学研究費補助金・新学術領域研究「少数性生物学─個と多数の狭間が織りなす生命現象の探求─」(http://paradigm-innovation.jp/)のご支援により、多くの共同研究者・研究協力者、技術開発支援企業のみなさま

とともに進められてきたものです。末筆となりましたが、お世話になりましたすべての方々に、感謝申し上げます。

冨樫　祐一

索　引

＊頁数に付したfは図を，nは文献・注を示す

〈数字〉

1次抗体　→抗体
2次抗体　→抗体
2重らせん　61
2値化　52

〈欧文〉

AMPA受容体　13
ATP　93
　―加水分解　97
BFP　4
β-ガラクトシダーゼ　37
Ca^{2+}　4
cAMP　5
C. elegans　153
DNA　26, 47, 61, 69, 81
　―バーコード　48
　―複製　115
ELISA法　57
　デジタル―　57
FlgM　135
FlhF　125
FlhG　125
FliT　136
FRET　4
G_1期　115
G_2期　115
GFP　3
Lamin　72
Lbr　72
mRNA　104, 112
　―バースト現象　113
M期　115
NMDA受容体　13

N-カドヘリン　13
PSD-95　13
RNAポリメラーゼ　71, 115
Sanger法　45
S期　115
T細胞　44
X線散乱　64

〈あ行〉

アクチン　94
　―フィラメント　94f
足場タンパク質　13
アダプター　134
アボガドロ数　2, 25, 40
アミラーゼ　52
鋳型　26
遺伝子　2, 61, 69
　―配列　44
　―発現　166
　―変異　116
インフルエンザ　17
ウイルス　17
　―価　19
運動装置　119
運動リング　124
柄　158
　―細胞　160
塩基　→核酸塩基
　―配列　69
エンドサイトーシス　22f
エントロピー　86, 91n, 150
オワンクラゲ　3

〈か行〉

概日時計　163

175

回転モーター　121, 143
海馬　14
カオス　35
化学修飾　171
核　61
　―膜　72
核酸　69
　―塩基　61
拡散　144
核内染色体　→染色体
隔離実験　165
確率的シミュレーション　31
活性型　29
カルシウムイオン　4, 22f
がん細胞　43
環状アデノシン一リン酸　5
桿体細胞　72
基質　36
キネシン　104
協働性　100, 147
曲率　90
筋線維　94f
筋肉　93
　―細胞　156
組立装置　134
クライオ電子顕微鏡　→電子顕微鏡
クラミドモナス　157
グリア細胞　156
グローバル因子　117
クロマチン構造　71
クロマチン線維　63
蛍光カルシウムセンサー　5f
蛍光顕微鏡　13, 66
蛍光照明　66f
蛍光タンパク質　66
　青色―　4
　緑色―　3
ゲノム　81
　―DNA　61, 112
　―のコピー数　114

原核生物　81
減数分裂　76
コアヒストン　→ヒストン
光学顕微鏡　11
後シナプス　→シナプス
酵素　36, 52
　―反応　27, 36
抗体　13, 57
　―染色　13
　1次―　13
　2次―　13
高分子　82
ゴルジ染色法　9
混雑効果　88

〈さ行〉

細菌　119, 129
細胞　1, 43, 111, 153, 166
　―個性　117
　―骨格　88
　―周期　114
　―分裂　82, 114, 115
　―壁　82
　―膜　82
　―モデル　81
細胞性粘菌　5, 158
サルコメア　94f
サルモネラ　129
サンガー法　45
シアノバクテリア　170
シアワセモ　157f, 158
シー・エレガンス　153
シークエンシング　45
シグマ28　135
自己触媒反応　27
時差ボケ　166
脂質2重膜　88
子実体　158
指数分布　31, 38
次世代シークエンサ　46

シナプス　11
　　―間隙　12
　　後―　12
　　前―　12
社会性アメーバ　158
集合流　6
受容体　44, 143
小器官　82
触媒　27, 36, 53
進化　81, 113
真核生物　81
神経細胞　9, 156
神経線維　11
神経伝達物質　14
人工細胞　81
浸透圧　84
振動現象　167
水素結合　106
スパイン　14
青色蛍光タンパク質　→蛍光タンパク質
生体分子　1
静電力　106
生物種　114
赤血球　88, 155
接着分子　13
線形動物　153
前シナプス　→シナプス
染色体　70
　　核内―　69
　　相同―　76
線虫　153
セントラルドグマ
　　分子生物学の―　112
走化性　139
相同組み換え　77
相同染色体　→染色体
疎水結合　106

〈た行〉

代謝系　84

耐性株　23
大腸菌　139
体内時計　164
ダイニン　107
大脳皮質　10f
多細胞生物　70, 156
脱分極　14
単細胞生物　69, 156
タンパク質　3, 13, 26, 81, 112, 141
対合形成　76
適応　147
デジタルELISA法　→ELISA法
デジタルバイオ計測　51
デジタル分析　51
テトラバエナ　157f
転移　47
電気化学勾配　121
電子顕微鏡　11, 129
　　クライオ―　63
転写因子　71
同調現象
　　力発生の―　100
時計タンパク質　167
突然変異　90
トポイソメラーゼⅡ　65

〈な行〉

ニューロリジン　13
ニューロン　9
　　―説　9
ヌクレオソーム　63, 78
熱ノイズ　103
熱力学　35
脳組織　9
濃度　30

〈は行〉

場合の数　85
バイオナノマシン　103
排除体積　89

バクテリア　139
　—べん毛モーター　143
発現制御　167
発現量　166
パワーストローク　96
半透膜　84
反応速度式　30f
反応速度定数　27
反応速度方程式　31
非指数分布
　反応待ち時間の—　38
微小管　107
ヒストン　63, 70
　コア—　62f
必須タンパク質　115
ビブリオ　121
病原体　18
フィラメント　121
フェルスター共鳴エネルギー移動　4
フォトリソグラフィ　55f
フォロワー細胞　6
負荷　98
フック　121, 132
部品タンパク質　129
ブラウン運動　66, 106
フラジェリン　134
分化　160
分子個性　35
分子モーター　93
分裂酵母　77
平衡　2
ヘテロクロマチン　67, 71
変異　→遺伝子変異
　—株　122
　—源　122
べん毛　119, 129
　—繊維　134
　—モーター　→バクテリアべん毛モーター
ポアソン則　117

胞子　158
ホーステイル運動　77
ボルボックス　157

〈ま行〉

マーカー分子　58
ミオシン　93
　—フィラメント　94f
メチル化・脱メチル化タンパク質　139
メッセンジャーRNA　104
免疫　18, 44
　—細胞　43
網状説　9

〈や行〉

野生株　122
ユークロマチン　67, 71
輸送シャペロン　129
輸送装置　133
溶液　84
溶媒　84

〈ら行〉

卵細胞　153
リアクタ　55f
リーダー細胞　6
力価　19
離散化　52
離散性　51
リボソーム　104, 115
緑色蛍光タンパク質　→蛍光タンパク質
リン酸化　171
　—タンパク質　139
レセプター　143
ロッド　132

●執筆者紹介（執筆順）

永井健治（ながい たけはる）
　大阪大学 産業科学研究所 生体分子機能科学研究分野 教授
村越秀治（むらこし ひでじ）
　自然科学研究機構 生理学研究所 脳機能計測・支援センター 准教授
大場雄介（おおば ゆうすけ）
　北海道大学 大学院 医学研究科 細胞生理学分野 教授
冨樫祐一（とがし ゆういち）
　広島大学 大学院 理学研究科 数理分子生命理学専攻 特任准教授
小松崎民樹（こまつざき たみき）
　北海道大学 電子科学研究所 教授
　同研究所附属 社会創造数学研究センター長
城口克之（しろぐち かつゆき）
　理化学研究所 生命システム研究センター ユニットリーダー
野地博行（のじ ひろゆき）
　東京大学 大学院 工学系研究科 応用化学専攻 教授
前島一博（まえしま かずひろ）
　国立遺伝学研究所 構造遺伝学研究センター 教授
粟津暁紀（あわづ あきのり）
　広島大学 大学院 理学研究科 数理分子生命理学専攻
　広島大学 核内クロマチン・ライブダイナミクスの数理研究拠点 准教授
鈴木宏明（すずき ひろあき）
　中央大学 理工学部 精密機械工学科 教授
茅　元司（かや もとし）
　東京大学 大学院 理学系研究科 物理学専攻 助教
矢島潤一郎（やじま じゅんいちろう）
　東京大学 大学院 総合文化研究科 広域科学専攻 生命環境科学系 准教授
谷口雄一（たにぐち ゆういち）
　理化学研究所 生命システム研究センター ユニットリーダー
小嶋誠司（こじま せいじ）
　名古屋大学 大学院 理学研究科 生命理学専攻 准教授
今田勝巳（いまだ かつみ）
　大阪大学 大学院 理学研究科 高分子科学専攻 教授
石島秋彦（いしじま あきひこ）
　大阪大学 大学院 生命機能研究科 教授
福岡　創（ふくおか はじめ）
　大阪大学 大学院 生命機能研究科 准教授
蔡　栄淑（ちぇ よんすく）
　大阪大学 大学院 生命機能研究科 助教
堀川一樹（ほりかわ かずき）
　徳島大学 大学院 医歯薬学研究部 光イメージング研究分野 教授
大出晃士（おおで こうじ）
　東京大学 大学院 医学系研究科 システムズ薬理学教室 助教
上田泰己（うえだ ひろき）
　東京大学 大学院 医学系研究科 システムズ薬理学教室 教授
　理化学研究所 生命システム研究センター グループディレクター

●編者紹介

永井健治（ながい　たけはる）
大阪生まれ。東京大学大学院医学系研究科博士課程修了。博士（医学）。理化学研究所基礎科学特別研究員、科学技術振興機構さきがけ研究員等をへて2005年より北海道大学電子科学研究所教授。2012年より大阪大学産業科学研究所教授。2014年より同副所長。2015年より大阪大学副理事（産学連携担当）。研究分野は生物物理学・バイオイメージング技術の開発・みどり生物工学など。日本生物物理学会副会長。日本バイオイメージング学会評議員。著書に『バイオとナノの融合1　新生命科学の基礎』（共著、北海道大学図書館刊行会）、『発光の事典』（共編、朝倉書店）などがある。

冨樫祐一（とがし　ゆういち）
東京生まれ。東京大学大学院総合文化研究科博士課程修了。博士（学術）。日本学術振興会特別研究員、マックスプランク協会フリッツハーバー研究所（ドイツ）、大阪大学、神戸大学をへて、2014年より広島大学大学院理学研究科・クロマチン動態数理研究拠点特任准教授。研究分野は計算生物物理学・理論生物学。分子機械や細胞の情報処理機構を主な対象とする。著書に『バイオナノプロセス—溶液中でナノ構造を作るウェット・ナノテクノロジーの薦め—』（共著、シーエムシー出版）などがある。

少数性生物学（しょうすうせいせいぶつがく）

●――2017年3月25日第1版第1刷発行

編　者	永井健治・冨樫祐一
発行者	串崎　浩
発行所	株式会社　日本評論社
	〒170-8474　東京都豊島区南大塚3-12-4
	電話 03-3987-8621（販売）-8598（編集）
	https://www.nippyo.co.jp/　振替 00100-3-16
印刷所	平文社
製本所	難波製本
装　幀	図工ファイブ

検印省略　ⓒ NAGAI T. & TOGASHI Y. 2017
ISBN978-4-535-78816-9　　　　　　　　　　　Printed in Japan

JCOPY〈(社)出版者著作権管理機構　委託出版物〉
本書の無断複写は著作権法上での例外を除き禁じられています。複写される場合は、そのつど事前に、(社)出版者著作権管理機構（電話 03-3513-6969、FAX 03-3513-6979、e-mail：info@jcopy.or.jp）の許諾を得てください。また、本書を代行業者等の第三者に依頼してスキャニング等の行為によりデジタル化することは、個人の家庭内の利用であっても、一切認められておりません。